지구 행성
생존 수업

★ 우주인이 지구를 기후 위기에서 구하는 방법 ★

지구 행성 생존 수업

데이브 윌리엄스·린다 프루에슨 지음 | 쇼 우에하라 그림 | 김선영 옮김

푸른숲주니어

3 늘어나는 인구, 줄어드는 식량

4 인류가 만든 쓰레기 섬

5 기후 위기의 주범, 화석 연료

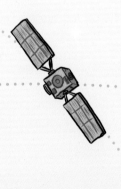

우주선 지구호 지키기

혹시 국제 우주 정거장의 사진을 본 적 있나요? 국제 우주 정거장은 좀 기묘하게 생겼어요. 조그만 몸통에서 큼지막한 날개가 뻗어 나온 곤충하고 비슷하달까요. 사실 이 커다란 날개는 태양광 전지판이에요. 이 날개 때문에 우주 정거장이 어마어마하게 커 보이지요.

정작 우주 비행사들이 생활하고 일하는 공간은 생각보다 그리 넓지 않아요. 고작 축구장 한 개 정도 넓이거든요. 여러 명의 우주 비행사들이 몇 개월씩 머무는 동안 필요한 것들을 넉넉하게 쟁여 둘 공간이 부족하다는 뜻이에요. 그러니까 우주 비행사들에게는 자원을 아껴 쓰는 일이 매우 중요해요.

우주 비행사들은 상쾌한 공기를 쐬기 위해 창문을 열 수 없어요.

나무를 심으면 공기가 깨끗해져요. ⓒAll Canada Photos

마실 물이나 먹을 음식을 사려고 외출할 수도 없고요. 쓰레기를 밖에다 내다 버릴 수도 없지요. 중요한 설비가 고장 나도 새 부품을 살 수 없답니다. 그런 상황에서 공기나 물이 오염된다면? 아주아주 심각한 일이 생기겠지요? 혹시라도 에너지가 바닥나면요? 상상만 해도 끔찍하지 않나요?

그런데 지구에 사는 우리는 어떤가요? 그동안 화석 연료를 너무 많이 써서 공기와 물을 오염시키고 쓰레기를 엄청나게 배출했어요. 그 바람에 기후 변화를 부채질했지요. 지구의 평균 기온은 지난 백여 년 동안 약 0.8도 올랐어요. 별로 안 오른 것 같다고요? 이 정도면 빙하가 녹고 가뭄이 오고 몇몇 생물이 멸종해요. 지금도 기온은 계속해서 올라가고 있지요. 과학자들의 예측에 따르면, 2100년까지 최소한 1.5도는 더 올라갈 거라고 해요.

그 예측이 현실이 된 뒤에는 바로잡기가 몹시 힘들 거예요. 어떤 사람들은 삶의 터전을 잃을 수 있어요. 해수면이 더 상승하고 산불이나 홍수도 더 자주 발생할 테니까요. 어쩌면 우리가 먹을 식량도

날이 갈수록 죽어 가는 산호초 ⓒNOAA

키우기가 힘들지 몰라요.

한 지역에서는 어떤 생물이 멸종하는데, 다른 지역에서는 다른 생물이 번성할 수도 있어요. 예를 들어 산호초는 멸종하지만 모기는 더 극성을 부릴 수도 있지요. 모기는 말라리아를 비롯해 갖가지 질병을 몰고 올 거고요.

지구는 국제 우주 정거장과 그리 다르지 않아요. 지구를 우주선 지구호라고 생각해 볼까요? 물론 지구호는 국제 우주 정거장보다 엄청나게 커요. 그 때문에 우리는 지구의 자원이 무궁무진하다고 착각을 하지요. 그런데 지구의 자원은 절대로 무궁무진하지 않아요.

이제 우주에서 생활하고 일하는 우주 비행사들에게서 아이디어를 얻어야 할 때인지도 몰라요.

이 책을 통해 우주선 지구호에서 겪고 있는 시급한 환경 문제들을 살펴볼 거예요. 그리고 하늘 높이, 아니 우주 높이까지 고개를 들어 아이디어를 찾을 거예요. 이 책의 마지막 장을 덮을 때쯤이면 한 가지는 분명히 말할 수 있을 걸요. 우리 모두의 집인 이 행성을 지킬 놀랍고도 혁신적인 아이디어가 끝없이 펼쳐져 있다고요!

이 책을 쓴 작가 중 한 사람인 데이브 윌리엄스 박사님은 두 번이나 우주로 나갔다 온 우주 비행사예요. 국제 우주 정거장에서 우주 유영 임무를 세 번이나 완수했지요. 우주에서의 경험과 아이디어를 기꺼이 소개해 줄 거예요.

데이브 박사 ©Canadian Space Agency

그러니까 각 장마다 소개될 '데이브 박사님의 우주 생활'을 놓치지 마세요. 데이브 박사님은 과학자이기도 해서 여러 가지 과학 실험도 소개할 예정이에요. 책에서 배운 것을 실험을 통해 실생활에 적용할 수 있으니, 각 장의 '데이브 박사님의 실험 교실'도 기대하세요.

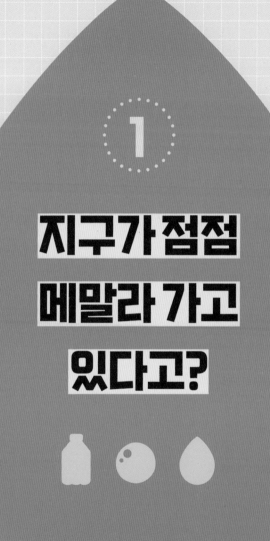

지구가 점점 메말라 가고 있다고?

1교시 전 세계가 물 부족 위기

두 눈을 감고 우주에서 보는 지구를 떠올려 보아요. 꼬마 시절에 가지고 놀던 장난감 고무공 같은 지구를…….

지난 1990년대에 칼 세이건이라는 과학자는 우주 탐사선 보이저 1호가 보내온 사진을 보고 지구에 '창백한 푸른 점'이라는 별명을 붙였어요. 푸른색은 바로 호수와 강과 바다의 색깔이에요.

창백한 푸른 점, 지구

지구는 자그마치 71퍼센트가 물로 덮여 있어요. 그렇다면 우리에겐 사용할 물이 충분할까요? 언뜻 그렇게 보일지 모르지만 실제로는 그렇지 않아요. 물은 무한정 있는 게 아니랍니다. 그러니까 소중하게 관리해야 해요.

어쩌면 여러분은 이렇게 말할지도 몰라요.

"잠깐만요, 이상한데요? 물은 순환하잖아요. 그러면 계속해서 재활용되는 거 아닌가요?"

일리가 있는 말이에요. 물은 재생 자원이 맞아요. 증발해서 하늘로 갔다가 비나 눈이 되어서 다시 땅으로 내리고, 또다시 증발해서 올라갔다가 비나 눈이 되어서 다시 내리고…….

그러니까 물은 무한정 있는 게 아니냐고요? 글쎄요, 그렇기도 하고 아니기도 해요. 모든 물이 바닥나지는 않겠지만, 우리가 사용할 수 있는 물은 넉넉하지 않은 게 사실이거든요. 왜 그럴까요?

지구의 물 가운데 담수(소금기가 없는 민물)는 3퍼센트밖에 안 돼요. 그중에서도 절반 이상은 우리가 쓸 수 없고요. 극지방의 만년설이나 빙하, 토양에 갇혀 있거든요. 그러니까 우리가 쓸 수 있는 물은 전체 물의 1퍼센트가 안 된답니다.

큰 숟가락으로
2개

3리터

3분의 1컵

지구 전체의 물을 약 3리터라고 치면, 담수의 양은 약 3분의 1컵, 우리가 쓸 수 있는 민물의 양은 약 2큰술쯤 되어요.

그 물마저도 점점 오염되고 있어요. 사용할 수 없는 물이 되어 가고 있지요.

기후 변화도 큰 문제예요. 지구가 더워지면서 강과 호수, 그리고 지하수의 지층이 마르고 있거든요. 이미 지구 습지대의 절반 이상이 사라졌어요. 어떤 지역에는 가뭄이 와서 물이 부족한데, 다른 지역에는 홍수가 나고 있지요.

물이 부족해지는 데는 인구 증가도 한몫을 해요. 세계의 인구는 2010년에서 2020년 사이에 약 8억 명 이상 늘어났어요. 이 많은 인구가 마시고, 요리하고, 놀고, 공장을 가동하기 위해서는 엄청나게 많은 물이 필요해요.

우리가 물을 지혜롭게 쓴다면 어떻게든 감당할 수 있을 거예요. 그런데 그렇지 않은 사람이 많지요. 수돗물을 틀어 놓고 양치질을 하거나, 샤워를 시작할 때 한참을 꾸물거리거나, 수도꼭지나 변기에서 물이 새는데도 얼른 고치지 않거나.

그뿐만이 아니에요. 물은 우리가 쓰는 물건들을 만드는 데도 쓰여요. 청바지 한 벌을 만들려면 물이 약 10,932리터 쓰이고, 2리터 짜리 탄산음료 한 병을 생산하려면 물이 약 680리터에서 1,242리터 정도가 필요해요. 이런 물은 한번 쓰고 나면 재생할 수 없답니다.

이렇게 펑펑 물을 쓰다가 전 세계가 물 부족 위기를 맞았어요. 전문가들은 물 부족이 인류 문명을 위태롭게 할 열 가지 위협 중 하나라고 말해요. 유엔(UN)은 지속 가능한 발전 목표 중 하나로 2030년까지 전 세계 누구나 깨끗한 물을 구할 수 있고 위생적인 생활을 할 수 있게 하겠다고 했어요. 그렇게 하려면 지금 가진 물 자원을 한층 더 신중하게 관리해야 해요.

여성들에게 더 심각하다고?

물 부족은 특히 여성들에게 더 큰 문제예요. 세계의 많은 지역에서 집으로 물을 떠 오는 일은 여성의 몫이거든요. 사하라 사막 남쪽 아프리카 지역의 여성과 여자아이는 매일 평균 6킬로미터의 거리를 걸어서 20킬로그램의 물을 힘겹게 운반해요. 물을 운반하느라 녹초가 된 나머지, 일을 하거나 공부할 여력이 없지요.

그뿐만 아니라, 여자아이들은 월경이 시작되면 학교를 그만두는 경우가 허다해요. 깨끗한 물을 쓰기 힘들거나 화장실이 없는 경우가 많거든요. 아기를 낳을 때 깨끗한 물을 충분히 쓰지 못하는 것 또한 각종 세균에 감염될 위험을 높여요.

★ 2교시 우주에서는 물을 90%나 재활용한다고?

지구에서 약 400킬로미터 위, 국제 우주 정거장의 우주 비행사들은 대규모 공장이 식수를 오염시킬까 봐, 기후 변화로 수원지가 오염될까 봐 걱정하지 않아요. 그렇다고 물 걱정을 안 한다는 뜻은 아니에요. 우주 비행사들은 어떻게 하면 물을 마지막 한 방울까지 소중히 쓸 수 있을지 계속 고민하고 있거든요.

우주 비행사는 물 절약하기 선수

우주 정거장에는 물이 넉넉하지 않기 때문에 지구에서보다 훨씬 적게 써요. 그렇다고 해도 우주 비행사들이 살아가기 위해선 하루에 적어도 10컵가량을 마셔야 하는 건 똑같아요. 그러니까 마시는 것

숫자로 알아보는 물 부족 상황
· **10억 명**은 깨끗한 식수를 공급받지 못하고 있어요.
· **27억 명**은 일 년에 최소한 한 달은 물 부족에 시달리고 있어요.
· **24억 명**은 부적절한 위생 상태에 있어요.
· **100만 명**은 매년 열악한 수질과 위생 문제로 사망하고 있어요. 이들 중 대다수가 어린이들이에요.

말고 다른 데서 물을 사용하는 방법에
차이가 있는 거예요.

©NASA

우리는 집에서 싱크대와 샤워기,
세탁기를 써요. 수도꼭지를 틀기만
하면 깨끗한 물이 콸콸 나오지요. 그
런데 우주 공간에는 수돗물이 없어요.
심지어 물을 보관할 공간도 부족해요.

우주 비행사들이 몇 개월 동안 마실 물은 방수 가방에 담긴 채 우
주 화물선에 실려 우주 정거장에 도착해요. 그러니 우주 비행사들은
물을 마지막 한 방울까지 소중하게 아껴 쓸 수밖에요. 최대한 사용
량을 줄이고, 재사용하고, 재활용해야 하지요.

우주 비행사들은 물을 절약하는 방법에선 그야말로 선수예요! 우
주 공간에는 세면대도, 샤워기도, 배수구도, 수도꼭지도 없어요. 작
은 물주머니에 든 물로 이를 닦고 씻고 샤워를 해요. 중력이 없어서
나뭇잎에 물방울이 맺히듯 피부에 물이 달라붙는다지요. 우주 비행
사들은 이 물방울을 문질러 몸을 닦은 다음, 물이 증발하기를 기다
려요. 수건을 물에 적셔서 몸을 닦기도 하고요.

머리는 헹구지 않아도 되는 샴푸로 감고, 이는 먹어도 되는 치약
으로 닦아요. 아, 빨래는 어떻게 하냐고요? 설마 세탁기가 있을 거라

고 상상하는 건 아니지요? 빨 수가 없으니 옷이 더러워지면 그냥 버려요.

일과를 마칠 즈음, 우주 비행사 한 사람이 온종일 쓴 물의 양은 4리터 남짓이에요. 우주 비행사들이 물을 효율적으로 아껴 써서 그렇기도 하지만, 우주 정거장에는 싱크대나 배수구가 없기 때문이기도 해요. 더러워진 물을 보관할 데도 없고요!

그렇다면 우리는 하루에 물을 얼마나 사용할까요? 보통 302리터에서 378리터 정도를 써요! 엄청난 양이지요? 우주 비행사보다 물을 더 많이 마셔서가 아니라 샤워를 더 오래 하고, 변기 물을 마구 내리고, 세탁기를 아무 때나 돌려서 그래요. 우리가 낭비하고 있는 물에 대해 전혀 고민하거나 걱정하지 않고서 말이에요.

물 재생하기 : 환경 제어·생명 유지 시스템

우주 정거장에서는 물의 약 90퍼센트를 재활용해요. 일 년이면 3,785리터가 넘지요. 환상적인 우주 공학 기술, 환경 제어·생명 유지 시스템(ECLSS, Environmental Control and Life Support System) 덕분이에요. 이 시스템이 물을 재생하고 공기를 소생시키고 산소를 생산하거든요. 물을 어떻게 재생하는지 한번 살펴볼까요?

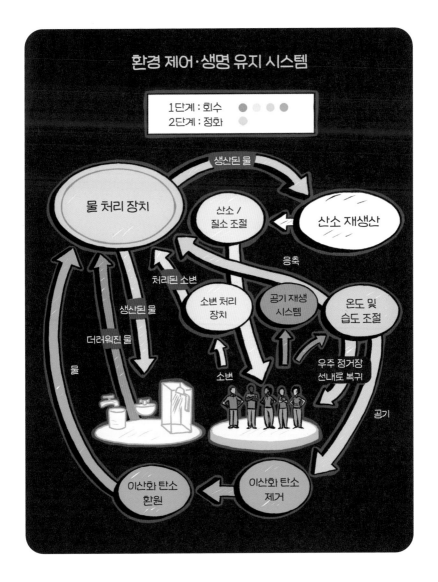

환경 제어·생명 유지 시스템

1단계 : 회수
2단계 : 정화

생산된 물

물 처리 장치

산소 /
질소 조절

산소 재생산

응축

처리된 소변

생산된 물

소변 처리
장치

공기 재생
시스템

온도 및
습도 조절

더러워진 물

물

소변

우주 정거장
선내로 복귀

공기

이산화 탄소
환원

이산화 탄소
제거

1단계 : 회수

물을 재생하기 위해서는 먼저 물을 모아야 해요. 물은 우주 정거장 곳곳에 숨어 있어요. 우주 비행사들이 호흡하면서 내뱉는 숨에도, 운동할 때 흘리는 땀에도 숨어 있지요. 환경 제어·생명 유지 시스템은 숨어 있는 물을 제습기와 비슷한 원리로 모두 모아요. 차가운 표면에서 응축시키는 거지요.

또, 물은 우주복의 수분 공급 장치에서도 찾을 수 있고, 우주 비행사들의 소변에서도 찾을 수 있어요. 우주 정거장의 범용 폐기물 관리 시스템(간단히 말하면 화장실이에요.)은 깔때기가 달린 흡입 호스로 소변을 모은 뒤 소변 처리 장치로 보내요.

2단계 : 정화

소변 처리 장치에 도착한 소변은 오염 물질이 쌓이거나 미생물, 또는 곰팡이가 증식하는 것을 막기 위해 강력한 산으로 처리해요. 그다음에는 다른 곳에서 모은 물과 함께 물 처리 장치로 보내요.

정화의 마지막 단계는 촉매 반응 장치로, 고온을 가하고 화학 물질을 첨가해서 남아 있는 오염 물질과 미생물 찌꺼기를 제거해요. 정화된 물은 특수 센서로 수질을 확인하는데, 부적합한 물은 재처리를 위해 되돌려 보내요.

3단계 : 보관 및 재사용

마지막 과정까지 거친 깨끗한 물
은 보관 탱크에서 우주 비행사들을
기다려요. 어제 쓴 물이 (그리고 어
제 본 소변이) 이제 완전히 깨끗해졌
어요. 이 물로 샤워를 할 수도, 이를
닦을 수도, 음식을 물에 불릴 수도
있지요. 그래서 우주 비행사들은
오늘 마신 커피가 곧 내일 마실 커
피라고 농담을 하지요!

3교시 깨끗하게, 혹은 물 없이?

물을 가능한 한 적게 쓰고, 쓴 물은 재활용하고, 기발한 아이디어
로 물의 새로운 공급원을 찾는 것. 물을 무한정 공급받을 수 없는 우
주 비행사들이 우주 정거장에서 하는 일이지요.

지구에 사는 우리도 지금 가지고 있는 물을 얼마든지 소중히 관리
할 수 있어요. 우주에서 새로운 아이디어를 찾는다면요.

세계 곳곳의 정수 시설

물이 귀한 지역에서는 깨끗한 식수를 찾기가 힘들어요. 깨끗하지 않은 물을 마시면 병에 걸릴 수도 있고, 죽을 수도 있지요. 깨끗한 물을 구하기 위해 지금 지구에서도 우주 정거장의 물 정화 기술을 활용하고 있어요.

이라크의 정수 설비 시설

2006년, 비영리 단체 컨선 포 키즈는 이라크 북부 켄달라 마을의 우물이 막혔다는 소식을 들었어요. 주민이 한때 1천 명에 달했지만 식수를 구할 수 없게 되자 많은 사람들이 마을을 떠났지요. 150명 남짓한 주민들은 근처 시냇가에서 떠 온 물로 겨우겨우 살아가고 있었어요.

컨선 포 키즈는 수질 관리 기업 워터 시큐리티 코퍼레이션과 협력하여 켄달라 마을에 미국 항공 우주국(NASA, National Aeronautics and Space Administration)의 기술력을 기반으로 한 정수 설비를 설치하는 데 힘을 보탰어요. 켄달라 마을에는 이 년 만에 안심하고 마실 수 있는 깨끗한 물이 생겼답니다.

멕시코의 태양광 에너지 정수장

멕시코 치아파스주의 외곽에서도 깨끗한 식수를 구하기가 어려워

데이브 박사님의 우주 생활 _우주에서 샤워하기

우주 비행사는 지구에서 하던 일 중 뭐가 가장 그리울까요?

"뜨거운 물로 느긋하게 샤워하기!"

약 오십 년 전, 미국 항공 우주국 최초의 우주 정거장 스카이랩에는 샤워실이 있었습니다. 내수성 재질로 된 긴 원통형 샤워실로, 양 끝을 닫고 사용하는 거였지요. 우주 비행사들은 손잡이형 분무기로 몇 컵 분량의 물을 몸에 뿌리고 비누칠을 했답니다.

문제는 여기서부터였어요. 중력이 없어서 물을 배수구로 내보낼 수 없기에, 수건으로 몸을 닦기 전에 먼저 손잡이형 진공 흡입기로 비눗물을 빨아들여야 했답니다!

스카이랩 이후에 건설된 우주 정거장에는 샤워실이 없습니다. 나는 우주 비행사 훈련 과정의 '화장실 훈련'(정식 과목 이름이에요.) 시간에 수건을 적셔 몸을 닦는 법과 헹굴 필요 없는 샴푸 사용법을 익혔지요. 그래서 우주 정거장에 도착했을 때는 물을 많이 안 쓰고도 깨끗하게 사는 법을 알고 있었답니다. 그렇지만 몇 주가 지나고 나니, 얼마나 간절히 진짜 샤워가 하고 싶던지요!

요. 그만큼 물 때문에 생기는 질병이 흔하고요. 2013년, 이곳에 우주 정거장의 환경 제어·생명 유지 시스템과 비슷한 태양광 에너지 정수장이 세워졌어요.

학교에서 깨끗한 물을 쓰기 시작하면서 기생충과 장염으로 고생하는 아이들이 거의 없어졌고, 지금은 마을 사람들 모두가 이전보다 더 건강해졌답니다. 가정에서 약과 생수를 전만큼 많이 살 필요가 없으니 경제적으로도 이득이지요.

캐나다의 바이오 필터

캐나다 북극 지역 이누이트에서는 숙박 시설을 운영하는 한 남성이 물을 재활용하고 정화하는 수준을 한 단계 끌어올렸어요. 1999년, 젠스 스틴버그는 하수조에 바이오 필터를 설치했는데요. 우주 정거장의 정화 시스템처럼 물의 재생과 재사용에 초점을 맞춘 거지요. 스틴버그는 설비에 자연의 박테리아를 넣어 오물을 제거한 뒤, 남은 물은 필터로 여과하고 오존으로 살균한 뒤 숙박 시설의 수도 배관으로 보냈어요. 그 물로 빨래도 하고 변기 물도 내렸답니다.

캐나다의 북극 지역은 원래 수도 비용과 하수 처리 비용이 아주 비쌌는데요. 이 설비가 커다란 혁신을 일으켰지요. 숙박 시설의 물 사용량이 60퍼센트나 감소했고, 하수 처리량도 급격하게 줄었어요.

물을 쓰지 않는 변기?

우주 비행사들은 물을 최소한으로 쓰려고 노력해요. 변기마저 물

없이 제 역할을 다하지요. 이건 아주 중요한 의미예요. 화장실에서 물을 내릴 때마다 하수구로 빠져나가는 물이 가정에서 사용하는 물의 약 30퍼센트나 되거든요.

세계 곳곳의 벤처 기업가들이 지구에서도 사용할 수 있는 물 없는 변기 개발에 몰두하고 있어요. 물을 쓰지 않는 변기가 나오면 물을 아끼는 것은 물론이고, 여러 질병이 유행하는 것도 막을 수 있을 거예요.

마이크로소프트의 창립자 빌 게이츠도 물 없는 변기 개발에 온 힘을 쏟고 있어요. 2018년에는 물 없이 작동하면서 배설물의 독성 부산물을 제거하는 변기 개발자들을 모아 '재발명 화장실 엑스포'까지 열었답니다. 독성 부산물이 뭐냐고요? 상수도로 들어가면 질병을 일으키는 각종 세균과 기생충을 말해요.

현재 다양한 변기를 선보이고 있지만, 배설물을 분리하고 정화한 다음 처분할 때까지 보관하는 방식은 지금과 비슷해요. 이런 변기는 우주 정거장에 맞지 않을 뿐 아니라, 지구에서 쓰려고 해도 원래 변기보다 단계가 복잡하고 에너지도 더 쓰여요. 그렇지만 다행히도 매일매일

©Alamy Stock Photo

새로운 아이디어가 나오고 있어요.

예를 들어, 물이 부족한 마다가스카르에서는 초절수 변기를 사용하고 있어요. 영국에서 개발한 루와트 변기인데요. 이 변기는 물이 필요 없어서 상하수도 시설 없이도 쓸 수 있어요. 생분해성 팩에 배설물을 받아 변기 아래에 보관했다가, 한꺼번에 수거해서 '생분해성 처리 장치'로 보내 액상 비료나 퇴비, 심지어는 전기 에너지로 바꾸거든요.

루와트 변기를 개발한 버지니아 가디너는 이 변기가 상하수도가 제대로 갖춰지지 않은 마다가스카르와 같은 지역에 도움이 될 거라 말해요.

영국에서는 대중이 모이는 행사에 루와트 변기를 대여해 쓸 수 있어요. 화장실에서 물을 내릴 때마다 쓸려 가는 물의 양을 생각하면 얼마나 많은 물을 절약할 수 있는지 상상이 되지요?

인공위성 100퍼센트 활용하기

소련이 스푸트니크 1호를 발사한 1957년 이후, 지금까지 수천 기의 인공위성이 지구와 지구 대기, 그리고 우주 공간에 관한 정보를 수집하기 위해 발사되었어요. 그 덕분에 우리는 전화 통화를 하고, 텔레비전을 보고, 날씨 정보를 얻을 수 있어요.

이 위성들은 물 문제를 해결하는 데도 도움을 주고 있답니다. 과학자들은 대수층에 지구의 액체 형태 담수 30~40퍼센트가 있다고 생각해요. 대수층이란 지구 표면 아래에서 지하수를 저장하고 있는 모래나 점토, 암반층을 말해요.

우리는 숨어 있는 지하수를 마음껏 쓰고 있어요. 지하수는 농장이나 근교 도시에 물을 대는 수원으로 많이 쓰이고, 특히 비가 잘 내리지 않는 지역에서 더욱더 많이 쓰여요.

2002년, 미국 항공 우주국과 독일 항공 우주 센터는 중력 회복과 기후 실험, 즉, 그레이스 프로젝트를 위해 인공위성을 두 대 발사했어요. 이 위성들은 삼십 일에 한 번씩 지구의 중력 지도를 그렸답니

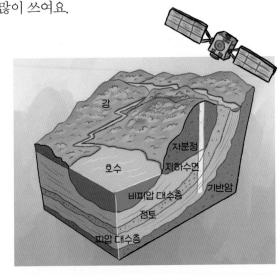

비피압 대수층은 땅 밑에 있어서 우물이나 펌프가 닿을 수 있어요. 하지만 피압 대수층은 딱딱한 암반층으로 막혀 있지요.

다. 중력장의 변화를 통해 극지방의 대륙 빙하, 바다의 해류, 지구 내부 및 물의 순환을 예측했지요.

이 프로젝트 팀은 지구 표면의 물에서 일어나는 변화를 측정해서 지구 대수층 수위가 변하고 있다는 사실을 알아냈어요. 2015년에 캘리포니아 대학교 연구진은 그레이스 프로젝트의 자료를 토대로 지구 최대 대수층 37곳 중 21곳이 말라 가는 중이거나 이미 말랐다고 경고했어요.

인공위성들은 다른 방식으로도 지구의 물을 지켜보고 있답니다.

하늘에서 인공위성을 찾아볼까?

지구에서 너무 멀리 떨어져 있어서 우리 눈에 보이지 않는 위성들도 있지만, 깜깜한 밤하늘에는 잘 보이는 위성도 있어요.

날이 맑은 밤, 도시의 휘황한 조명에서 최대한 멀리 떨어진 장소로 가세요. 뒷마당도 괜찮고 근처 공원도 좋아요. 그리고 하늘을 올려다보는 거예요. 가장 먼저는 별이 보일 거고, 다음으로는 아마 비행기가 한두 대쯤 보일 거예요. 빛을 깜박이며 제법 빠른 속도로 날고 있다면 그건 아마도 비행기예요. 눈을 계속 크게 뜨고 조금 작고, 천천히 안정적으로 움직이는 불빛을 찾아보세요.

위성은 때로 열차를 타고 이동하는 것처럼 보이기도 해요. 옆 사진의 스타링크 인공위성 네트워크가 그렇지요. 스타링크는 2019년에 민간 우주 기업 스페이스X가 우주에서 지구로 인터넷을 쏘기 위해 발사를 시작한 인공위성 군단이에요.

인공위성의 자료를 이용하면 땅 가까이에 있는 지하수를 찾을 수 있어요. 중장비 없이 맨손으로 우물을 팔 수 있다면 지역에 따라 엄청난 변화가 생길 거예요.

또한 인공위성은 물에 사는 각종 조류의 양을 측정함으로써 수질을 결정하는 데도 도움을 주고 있어요. 조류는 혼탁한 물에 살기 때문에 조류가 많으면 수질이 나쁘다는 뜻이에요. 그리고 상수도 시스템에서 물이 새는 곳을 찾는 데도 쓰일 수 있답니다. 물이 한 방울이라도 낭비되는 걸 막을 수 있지요.

지금도 지구의 궤도에는 수많은 위성이 돌고 있어요. 이 위성들이 미래에는 또 어떤 방법으로 우리를 도울까요?

체험 활동 우주 비행사처럼 생각하기

물 없는 화장실을 쓰기까지는 조금 더 기다려야 하겠지만 그렇다고 실망할 필요는 없어요. 우주 비행사처럼 생각하고, 마지막 한 방울까지 물을 아껴 쓰는 법은 아주 많거든요.

수도꼭지 잠그기

이를 닦을 때 수돗물을 틀어 둔다고요? 이제부터는 꼭 수도꼭지를 잠그세요. 물을 틀어 놓고 이를 닦을 때마다 약 15리터의 물이 버려져요. 하루 평균 세 번 양치하니까 3을 곱한 다음 가족의 수를 또 곱하면, 매일매일 우리 집에서 낭비되는 물이 얼마큼인지 알 수 있겠지요?

또, 수도꼭지에서 물이 새지 않는지도 꼭 살펴야 해요. 물방울이 일 분에 세 방울씩 떨어진다고 하면 하루에 1.6리터가 버려지는 거거든요. 일 년으로 보면 약 600리터가 사라지는 셈이지요. 이게 얼마큼인지 짐작이 가나요? 2리터짜리 큰 생수병 300개에 해당하는 물이 버려지는 거예요!

목욕보다는 샤워를!

혹시 뜨거운 물에 느긋하게 몸을 담그는 목욕을 좋아하나요? 그렇다면 샤워로 바꿔 보는 건 어때요? 고효율 샤워기가 뿌리는 물의 양은 분당 7.5리터예요. 십 분간 샤워를 한다면 75리터지요. 그에 반해 욕조에는 물이 약 185리터나 들어가요.

샤워를 이십오 분 넘게 하는 게 아니라면 목욕보다 물을 훨씬 더 절약할 수 있어요.

요트나 우주선에 타고 있는 것처럼, 초고속 샤워에 한번 도전해 볼래요? 몸을 적신 다음 물을 잠그고 비누칠을 한 뒤 물을 틀고 몸을 헹구는 거예요. 나와 지구를 모두 아꼈다는 기쁨을 느낄 수 있을걸요.

빨래는 모아서 한꺼번에

빨래를 효율적으로 하는 팁이 있어요. (집안일은 여러분의 일이 아니라고요? 이번 기회에 도와 드리겠다고 나서 보세요.) 세탁기는 빨랫감이 권장 용량까지 다 모이면 돌리도록 해요. 세탁기는 한 번 빨래를 할 때 최대 70리터의 물을 써요. 일주일에 평균 세 번 세탁기를 돌린다고 치면, 옷을 빠는 데만 일 년에 물을 10,920리터를 쓰는 거예요.

빨랫감을 모아서 세탁기를 돌리면 세탁 횟수를 줄일 수 있고, 그만큼 물 사용량도 줄일 수 있어요. 또, 에너지 효율이 좋은 세탁기를 이용하는 방법도 있답니다. 에너지 효율이 높은 세탁기는 물을 33퍼센트 적게 사용하거든요.

주스 대신 물 마시기

물을 절약하는 방법치고는 좀 이상한가요? 오렌지 주스 1리터를 만들려면 오렌지를 키우고 생산하기까지 물이 약 1,000리터 필요해요. 사과 주스는 약 1,140리터 필요하고요. 그러니까 다음에 목이 마를 땐 시원한 물을 한 잔 마시면 어때요? 우리 몸에도 좋고, 지구 환경에도 좋아요.

빗물 활용하기

화분이나 마당의 식물에 물을 줄 때 수돗물 대신 자연이 선물하는 물을 쓸 수 있어요. 빗물을 쓰세요. 빗물받이 통을 마련해도 좋겠지만, 안 쓰는 들통 한두 개만 있어도 충분해요.

통을 마당이나 베란다에 놓아두면 비가 올 때 빗물이 모일 거예요. 그 빗물로 날이 가물 때 식물들의 건강을 지켜 주세요. 지역에 따라 차이는 있겠지만, 빗물을 모아 쓰는 방식으로 일 년에 물을 약 5,000리터 절약할 수 있어요.

데이브 박사님의 실험 교실 _정수기 만들기

지금까지 우리는 우주 정거장이 물을 정화하는 방식과 우주 정거장의 정수 기술이 세계 곳곳의 물 부족 지역에 어떤 변화를 일으키고 있는지 살펴보았어요. 이번에는 태양열을 이용한 간이 정수기를 만들어 봅시다.

준비물 투명 플라스틱 생수병 2개 | 핸드 드릴 | 식용 색소 | 소금 | 글루건 또는 강력 접착테이프 | 빈 상자 | 검정색 쓰레기봉투

실험 과정

1

생수병의 뚜껑을 잠급니다.

2

핸드 드릴로 생수병 뚜껑에 각각 구멍을 뚫습니다.

3

생수병 하나에 물을 반쯤 채우고, 색소 네 방울과 소금 1작은술을 넣습니다.

4

물을 채운 생수병의 뚜껑을 닫고, 빈 생수병의 윗면을 마주 붙입니다.

5

햇빛이 화창한 날, 밖으로 나가 연결된 생수병을 빈 상자로 받쳐 비스듬히 놓습니다. 비어 있는 병이 빈 상자 위쪽으로 가도록 해요.

6

시간이 지나면 아래쪽 생수병의 물이 증발하고 응축되어, 위쪽 생수병에 맑은 물이 모입니다.

병에 물이 모이는 데는 시간이 오래 걸릴 수도 있어요. 색소가 섞인 생수병을 검정색 쓰레기봉투로 감싸서 증발 속도가 빨라지는지 관찰해도 좋아요.

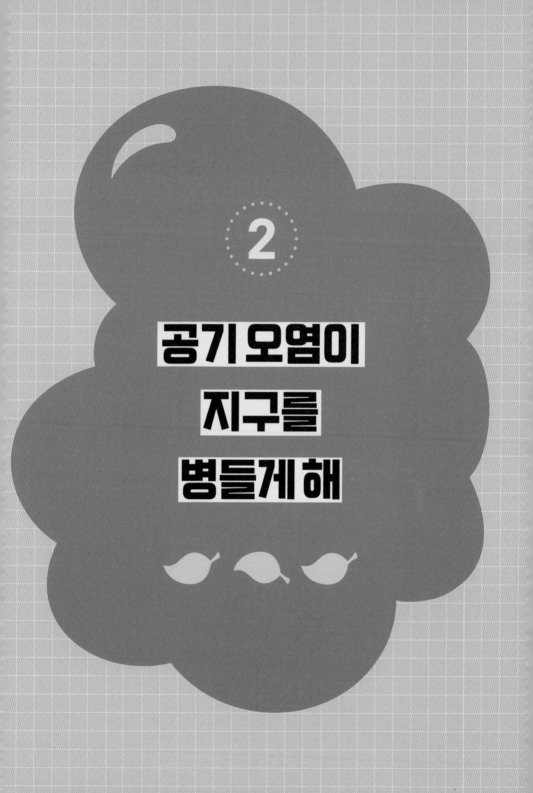

2

공기 오염이
지구를
병들게 해

⭐ 1교시 공기 오염의 주범, 온실가스

공기란 참 묘해요. 눈에 보이지도 않으면서 항상 곁에 있으니까요. 여러분이 복잡한 시내 한복판에 있든, 탁 트인 들판에 있든, 높은 산꼭대기에 있든 언제나 함께해요. 심지어 국제 우주 정거장 내부에서도 함께하지요.

우리는 공기를 깨끗하게 지켜야 해요. 우리를 위해서도, 지구를 위해서도요. 그런데 요즘의 공기는 깨끗하지가 않아요. 공기 오염이 심각한 지경에 이르렀지요.

공기 오염이 얼마나 해로운지 이해하려면 먼저 공기가 무엇인지 이해해야 해요. 공기는 78퍼센트의 질소, 21퍼센트의 산소, 그 외 1퍼센트의 이산화 탄소, 네온, 수소 등으로 이루어져 있어요. 그런데

이 기체들 중 일부가 공기를 오염시키고 있어요.

대표적으로 이산화 탄소를 들 수 있어요. 인간과 동물은 모두 산소를 마시고 이산화 탄소를 뱉어요. 이산화 탄소는 필요한 기체이고, 또 공기 속에 있는 것이 정상이에요.

식물은 광합성을 통해 이산화 탄소를 흡수해서 스스로 양분을 만들고 산소를 생산해요. 그렇지만 자동차와 발전소가 뿜어내서 공기 중에 너무 많이 존재하게 되면 얘기가 달라져요. 지구 온난화의 주범이 되어 버리거든요.

오존도 그래요. 대기층 위쪽에 있는 오존은 유익한 기체예요. 강력한 태양 광선으로부터 지구를 보호하는 방어막을 형성하니까요. 그런데 땅으로 가까이 오면 반갑지 않은 손님이 되지요. 오존과 공기 중에 떠다니는 입자들이 섞이면서 스모그가 생겨나요.

공기 중에는 이들 기체 외에 아주 작은 입자들도 함께 떠 있어요. 이런 미세한 입자를 에어로졸이라고 하는데요. 이런 입자 중 대부분은 자연적으로 발생하고, 딱히 건강을 심각하게 해치지는 않아요.

다만 모든 에어로졸이 똑같지는 않아요. 어떤 에어로졸은 화석 연료를 태울 때, 자동차나 공장이 배기가스를 뿜을 때, 또는 산불이 거세게 타오를 때 생겨나는데요. 이런 것들이 연기와 그을음으로 공기를 오염시켜요.

에어로졸이나 다른 이유 때문에 생긴 오염 물질은 공기의 질을 떨어뜨리고 우리 몸을 병들게 해요. 게다가 공기 중의 수분이 뭉쳐서 빗방울로 떨어지면 오염 물질이 물과 함께 땅속으로 들어가지요.

온실가스가 기후 변화를?

공기 중 오염 물질은 우리에게 여러 가지 병을 일으켜요. 공기가 나쁘면 폐렴 같은 호흡기 질환뿐 아니라 폐암, 심장병, 뇌졸중에 걸리게 하지요. 산모가 공기 오염에 노출되면 아기가 너무 일찍 태어나거나, 저체중으로 태어날 수도 있어요.

다섯 살 미만의 어린이가 폐렴으로 사망한 사례의 절반 이상이 가정 내에서 발생한 그을음 때문이라지요. 가정 내 공기 오염은 음식을 만들 때 가스레인지나 화덕을 쓰는 가정에서 심각해요.

온실가스라는 말을 들어 본 적이 있지요? 이산화 탄소, 오존, 메테인……. 온실가스 역시 적당하게 있으면 이로운 물질이거든요. (오존이 태양의 복사열로부터 우리를 보호하니까요.) 그렇지만 지나치게 많아지면…… 나쁜 영향을 미치지요.

지난 이백여 년 동안, 다시 말해 우리가 화석 연료를 본격적으로 쓰기 시작한 뒤로 온실가스가 공기 중에 계속해서 쌓였어요. 그러다 지금은 과도한 지경에 이르렀지요. 지구에 급격하게 기후 변화를 일으키고 있답니다. 극한적인 더위, 해수면의 상승, 극심한 가뭄, 생태계의 파괴 등으로 지구를 집으로 삼는 생명체들에게 끔찍한 영향을 미치고 있어요.

어쩌면 공기를 지켜야 한다는 말이 딱 와닿지는 않을지도 몰라요.

숫자로 알아보는 공기 오염 상황

· **91퍼센트**의 인구가 공기의 질이 기준치에 못 미치는 곳에서 살아요.
· **93퍼센트**의 열다섯 살 미만의 아이들이(다시 말해, 약 18억 명의 아이가) 더러운 공기 때문에 건강과 발달 상태에 지장을 받고 있어요.
· **실내 공기 오염**이 실외 공기 오염보다 위험할 수도 있어요. 음식을 만들 때 나오는 그을음 섞인 연기가 실내 공기를 오염시키는 원인 중 하나예요.
· **2021년 7월**, 지구 공기 중의 이산화 탄소 양은 사상 최고 수준이에요. 1880년에 기후를 측정한 이래로 무더운 해 1위에서 7위까지가 모두 2014년 이후에 몰려 있어요.

1장에서 살펴본 물처럼, 공기도 무한정 공급받을 수 있는 것처럼 느껴지니까요. 그렇지만 지금 벌어지는 공기 오염은 정말 위험한 수준이에요. 이제부터라도 공기를 더럽히지 않기 위해 많은 노력을 기울여야 해요. 지구에서 수백 킬로미터 위, 우주 정거장의 우주 비행사들은 지난 수십 년간 공기 오염을 막기 위해 번득이는 아이디어들을 생각해 내고 있어요.

2교시 우주에서 숨 쉬는 방법

깨끗한 공기를 지속적으로 공급받는 건 지구에 사는 우리와 마찬가지로 우주 비행사들에게도 아주 중요한 문제예요.

다 알다시피, 공기는 지구를 둘러싸고 있는 기체를 말해요. 대기라고 불리는 기체층 덕에 지구의 생명체들은 보호를 받으며 살아가고 있어요. 그런데 지구에서 멀어질수록 대기가 희박해져요. 중력이 힘을 잃기 때문이지요. 중력이 뭔지는 알지요? 우리가 우주 공간으로 떠나가지 않도록 지구에서 잡아당기는 힘이에요.

지구에서 1만 킬로미터 이상 멀어지면 우리가 아는 공기는 더는 존재하지 않아요. 공식적인 '외기권', 다시 말해 진공인 우주 공간이 시작되지요. 우주선이나 우주 정거장에서 사람이 살기 위해서는 반드시 내부에 공기를 생성하고 측정하는 시스템이 있어야 해요. 모자라면 보충도 해 주고요. 이런 시스템에 아주 사소한 결함이라도 생기게 되면 큰일이 나겠지요?

공기도 재생을!

국제 우주 정거장은 우주선 내의 산소 중 일부를 지구에서 공급받아요. 우주 비행사들이 임무를 수행하러 우주 정거장에 갈 때 산소를 가져가기도 하고, 우주 화물선으로 공급받기도 하고요. 그렇지만 그 정도로는 어림없어요. 안전하게 숨 쉴 공기가 떨어지는 일을 막기 위해 우주 정거장은 공기를 재생해서 써야 하지요.

1장에서 우주 정거장의 환경 제어·생명 유지 시스템이 다양한 곳에서 물을 모은 뒤 정화해서 깨끗한 물을 공급한다는 얘기를 했지요? 이 시스템이 공기도 재생해서 공급해요. 산소 생성 시스템은 환경 제어·생명 유지 시스템의 핵심 장비로, 전기 분해 방식을 통해 우주 비행사들이 숨 쉴 공기를 생산해요. 어떻게 하는지 살펴볼까요?

① 환경 제어·생명 유지 시스템의 물 재생 시스템이 공기 중에서, 응결 과정에서, 우주 비행사들의 소변에서 물을 모아요.

② 모은 물 분자 사이로 전류를 흘려서 수소와 산소로 쪼개요. 물

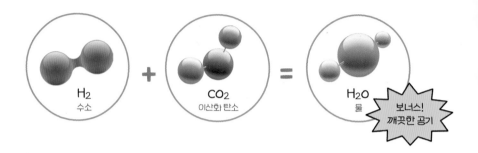

분자는 수소 원자 2개와 산소 원자 1개로 구성되어 있어요.

③ 남은 수소는 우주 비행사들의 호흡에서 나온 이산화 탄소와 결합해요. 이 결합 과정에서 우주선 내에서 쓸모가 많은 물이 생성되는데요. 이때 양이 많으면 인체에 해로운 이산화 탄소가 제거되어요. 그와 동시에 메테인이라는 물질이 생겨나요. 이 역시 공기 중에 너무 많으면 해로운 탓에 환기구를 통해 우주 공간으로 내보내지요.

아폴로 13호의 아찔한 순간

1970년에 아폴로 13호의 우주 비행사들은 생명을 위협받는 상황에 처했어요. 아폴로 13호의 사령선 모듈 내 산소 탱크가 폭발하는 바람에 지구 귀환을 위해 훨씬 더 작은 달 착륙선 모듈로 이동해야 했거든요. (모듈은 특정한 역할을 하는 독립된 부분을 말해요.) 그런데 달 착륙선에서는 새로운 문제가 기다리고 있었어요. 이산화 탄소 농도가 위험할 정도로 높아진 거예요.

선체 회수를 맡은 미국의 함선 이오지마호가 아폴로 13호의 사령선 모듈을 선상으로 끌어올리고 있어요. 아폴로 13호는 기계선 모듈, 사령선 모듈, 그리고 달 착륙선 모듈로 구성되어 있지요. ⓒNASA

우주 비행사들은 그동안 받은 훈련을 토대로 접착테이프와 비닐 봉지, 양말만 가지고 공기 청정 시스템을 만들었어요. 그 덕분에 아폴로 13호의 이야기는 해피엔딩이 되었답니다! 우주 비행사 세 사람 모두 무사히 지구로 귀환했거든요. 이 일은 우리에게 깨끗한 공기가 얼마나 중요한지 생생히 보여 주었지요.

환경 제어·생명 유지 시스템은 우주 정거장의 공기를 생산할 뿐 아니라 정거장 선내 공기를 깨끗하고 안전하게 유지해요. 공기 중 과량의 이산화 탄소를 거르고 오염 물질을 제거하며, 여러 기체의 농도를 측정하는 시스템까지 갖추고 있어요. 수많은 기술이 맹활약 중이에요!

우주 생활이 윤택하도록 다 함께 노력을!

우주에서 숨을 쉴 공기를 만드는 일은 여러 국가가 협력해야 가능해요. 지구에서와 마찬가지죠. 미국 항공 우주국은 현재 우주 정거장에서 사용 중인 산소 생성 시스템을 개발했어요. 유럽 우주 기구(ESA, European Space Agency)는 이산화 탄소를 산소와 물로 변환하여 우주 정거장의 산소 생산에 필요한 물의 약 50퍼센트를 만들어 낼 수 있는 시스템을 개발했고요. 이 시스템은 2018년에 일본 우주 화물선 HTV-7호에 실려 우주 정거장에 도착했어요.

현재 사용 중이거나 전 세계 곳곳에서 개발 중인 새로운 시스템들은 앞으로 우주 생활에서 점점 더 중요해질 거예요.

새는 공기를 붙잡아라!

무엇이든 재생해서 지속적으로 쓰고자 한다면 먼저 낭비되는 것이 없어야 해요. 우주 정거장의 우주 비행사들은 애써 만들어 낸 깨끗한 공기를 선내에 붙잡아 두려고 최대한 주의를 기울이지만, 늘 마음처럼 되지는 않아요. 틈만 나면 공기가 도망치니까요!

우주 비행사들이 우주 유영 임무를 수행할 때마다 에어록(감압실)에서 9세제곱미터의 공기가 우주로 새어 나가요. 에어록은 원통형 방으로, 옷장보다는 조금 크고 방보다는 작아요. 누가 들어오고 나갈 때마다 안의 공기를 모두 빨아들였다가 다시 채워야 하지요.

지난 2019년, 국제 우주 정거장의 우주 비행사들은 어딘가에서 공기가 조금씩 샌다는 걸 깨달았어요. 날마다 약 0.27킬로그램씩의 공기를 잃고 있었는데, 그 정도면 심각하게 걱정할 양은 아니었답니다. 그런데 2020년 중반이 되자 새어 나가는 공기의 양이 1.4킬로그램씩으로 늘어난 거 있지요? 더는 보고만 있을 수 없었어요.

그런데 그 넓은 우주 정거장에서 공기가 새는 조그마한 틈을 어떻게 찾아야 할까요? 우주 비행사들은 미소 중력

데이브 박사님의 우주 생활 _공기의 순환이 필요해

우주 정거장 외부에서 우주 유영을 할 때도, 내부에서 떠다닐 때도, 우주에서는 환기팬이 돌아가는 소리가 늘 함께합니다. 공기가 순환하는 것은 우주 정거장에서 아주아주 중요한 일이지요.

공기가 잘 순환되지 않는 구역에서 임무를 수행하다가 두통을 느끼거나 구역질을 경험하기도 하는데요. 산소가 위로 떠오르고 호흡에서 나온 이산화 탄소가 주변을 감싸서 생기는 일이랍니다. 우주 비행사들은 주변의 공기가 잘 순환하도록 휴대용 선풍기를 사용해요.

나도 이런 훈련을 받았어요. 우주 정거장에서 공기 순환이 잘되고 있는지 언제나 확인했고, 휴대용 선풍기를 늘 가까이 지니고 생활했어요. 두통도, 복통도 절대 경험하고 싶지 않았거든요!

에 맡겼어요! 미소 중력이란 중력의 영향력이 아주 작은 우주 공간을 말해요. 새는 곳이 있다고 의심되는 모듈로 가서 공중에 찻잎을 흩뿌린 다음 어느 쪽으로 떠가는지 지켜보았답니다. 찻잎들이 통신 장비 옆 틈새로 모여드는 순간, 모든 의문이 깔끔히 풀렸지요!

국제 우주 정거장에서도, 우주복을 입고 달 표면을 걷고 있을 때도, 미래에 화성에 정착지가 생긴다고 해도, 깨끗한 공기는 필수적으로 계속 공급되어야 해요. 더구나 각국의 우주 기관들이 지금보다 더 먼 우주로 가서 더 오래 머물 계획을 세우는 지금, 우주 공간에 공기를 공급하고 깨끗하게 유지하는 방법을 찾기 위한 연구는 꾸준히 진행 중이지요.

지구에 사는 우리 또한 공기를 깨끗하고 안전하게 지킬 방법들을 계속해서 연구하고 있어요. 그중에서 우주 정거장에서 아이디어를 얻은 방법을 몇 가지 소개할게요.

공기 정화 타워, 지구 최대의 공기 청정기

우주 정거장 하나의 공기를 깨끗하게 유지하기도 쉽지 않은데, 도시 전체의 공기를 깨끗하게 유지해야 한다면? 이를 고민하던 중국 시안의 과학자들이 내놓은 답은 지난 2015년에 건설된 약 100미터 높이의 거대한 공기 정화 타워예요. 공기 정화 용도의 건축물로는 세계 최대 규모라고 하지요.

이 타워는 대기 중의 공기를 빨아들여 하단에 있는 온실로 보내요. 온실에서는 태양 에너지로 공기를 데우고, 따뜻해진 공기가 떠오르면 여과해서 다시 바깥으로 내보내지요. 지금까지는 꽤 효과를 보고 있어요. 과학자들의 말에 따르면, 이 공기 정화 타워가 매일 도시의 대기로 돌려보내는 깨끗한 공기가 약 1천만 세제곱미터에 달한다고 해요. 타워 주변 10제곱킬로미터 이내의 스모그 농도도 위험 수준에서 보통 수준으로 개선되었다지요. 현재 다른 여러 도시에서 더 큰 규모의 공기 정화 타워 건설을 계획 중이에요.

공기 정화 사업은 점차 세계 곳곳의 다른 도시에서도 승인되고 있어요. 공기 오염이 세계에서 가장 위험한 수준의 도시로 꼽히는 인도의 델리는 라즈파트나가르 시장에 새로운 '스모그 타워'를 설치했어요.

일일 방문객이 1만 5천여 명에 이르는 시장에서 스모그 타워는 시장 내 약 500~750미터 내의 공기를 정화할 것으로 기대되고 있어요. 스모그 타워는 네덜란드와 폴란드에도 설치되었답니다.

자연 친화 도시, 수직의 숲

나무와 풀과 같은 식물에는 엄청난 능력이 있어요. 이산화 탄소를 마시고 산소를 내쉬니까요. 그야말로 공기 청정 능력을 타고난 셈이지요. 미국 항공 우주국은 이런 사실을 기반으로 수십 년 전부터 식물의 힘을 연구해 오고 있어요. 세계 곳곳의 도시들도 공기 오염 문제를 해결하기 위해 식물을 주목하고 있고요.

이탈리아, 중국, 네덜란드, 싱가포르……, 세계 여러 나라에서 도시 설계자들과 건축가들이 도시 공기 정화에 도움이 될 '수직의 숲'을 짓고 있어요. 아파트나 건물에 크고 작은 나무들이 층층이 자라게 하는 거예요.

중국 난징의 버티컬 포레스트는 한 해에 2만 3천 킬로그램(25톤)의 이산화 탄소를 흡수하면서 하루에 60킬로그램의 산소를 생산하리라 기대하고 있어요. 이산화 탄소 2만 3천 킬로그램이 얼마큼인지 와닿지 않는다고요? 중형 패밀리 카 한 대가 차의 수명이 다할 때까지 내뿜는 이산화 탄소의 양과 맞먹어요!

독일에는 시티트리가 있어요. 규모만 작을 뿐 하는 일은 수직

의 숲과 같아요. 대형 광고 스크린처럼 생겼는데 과자, 샴푸 등의 광고나 최신 영화 예고편이 나오는 화면 대신 갖가지 이끼들로 가득 차 있어요. 시티트리 한 대당 일 년에 빨아들일 수 있는 이산화 탄소는 약 22만 킬로그램(240톤)으로, 나무 275그루가 하는 일에 해당해요. 자리는 훨씬 덜 차지하고요. 시티트리는 녹지를 찾기 힘들고 오염이 심각한 혼잡한 도시에서 이용하기 좋은 방법이에요.

개인용 공기 청정기가 구조에 나서다

중국과 인도의 스모그 타워 같은 초대형 공기 정화 타워들이 세계 여러 도시에서 활약하고 있지만, 소형 공기 청정기도 얼마든지 공기를 깨끗하게 지키는 영웅이 될 수 있어요.

미국의 로스앤젤레스 근교 포터랜치 지역에서는 2015년에서 2016년에 걸쳐 천연가스가 누출되는 사고가 있었어요. 주민 수천 명이 집에서 떠나 대피해야 했고, 학교마저 두 곳이나 옮겨야 했어요.

> 남아메리카 아마존 우림은 '지구의 폐'로 불리며, 지구 대기 산소의 20퍼센트를 생산한다고 해요. 이 수치는 사실과 다르지만, 아마존 우림이 지구 대기의 이산화 탄소를 어마어마하게 빨아들이는 건 분명해요. 그런 의미에서 아마존 우림은 기후 변화라는 전쟁터에서 지구의 주력 부대라 할 수 있지요.

그런데 마침 이 지역에 에어러스 에어 스크러버 플러스라는 장비 회사가 있었어요. 이 회사에서는 미국 항공 우주국에서 개발한 기술을 적용하여, 공기와 물체 표면의 오염을 씻어 내는 일종의 청정기를 판매하고 있었지요. 가스 회사는 이 청정기를 1만 대 주문해서 지역 가정에 설치했어요. 그 덕분에 많은 주민이 집에 남을 수 있었답니다.

이 공기 청정기는 광촉매 산화 과정을 이용해요. 이 거창한 이름을 간단히 말하면, 적외선에서 얻은 에너지로 오염 물질을 '제압해서' 해롭지 않은 물질로 바꾼다는 뜻이에요. 그런데 이 과정에 보너스가 따라와요. 산화 과정에서 세균과 바이러스, 곰팡이도 제거되거든요.

현재 텍사스 레인저스를 비롯해 많은 미국 프로 야구팀이 감염병의 발생을 막기 위해 선수들의 탈의실과 체력 단련실에 이 기술을 적용하고 있으며, 여러 병원과 호텔도 병실과 객실의 세균을 제거하는 데 활용하고 있어요. 음식점들에서도 요리할 때 나오는 연기를 없애는 데 이 기술을 쓰고 있고요.

모든 것은 미국 항공 우주국이 우주 정거장의 에틸렌 기체를 제거할 방법을 찾으면서 시작되었어요. 에틸렌이 우주 정거장의 채소와 과일을 너무 빨리 익혀 버렸거든요.

인공위성, 온실가스를 감시하라

2017년, 유럽 우주 기구는 센티넬-5P호를 발사했어요. 지구상에서 가장 발전된 형태의 대기 오염 감시 위성이라고 불리는 이 인공위성은 지구를 하루에 열네 바퀴 돌면서 지구 대기의 질에 영향을 끼치는 기체들의 정보를 수집하고 있어요.

위성으로 감시에 나선 건 각국의 우주 기관만이 아니에요. 캐나다의 민간 기업인 GHG샛이 지구 궤도에 쏘아 올린 위성들은 특정 건물이 배출하는 기체를 감시하고 있어요. 덕분에 우리는 어느 곳에서 공해를 대량으로 배출하는지 정확히 알 수 있지요.

미국은 2024년에 탄소 관측을 위해 정지 궤도 위성 지오카브를 발사할 계획이었어요. 지구 상공 3만 5,800킬로미터에서 아메리카 대륙 각국에서 배출하는 이산화 탄소, 메테인, 일산화 탄소 등을 집중적으로 감시할 예정이었지요. (나중에 과도한 경비 문제로 발사를 취소했다고 해요.)

인공위성이 지구로 보내는 정보는 온실가스가 우리 대기에 어떻게 영향을 미치는지 이해하는 데 아주 중요해요. 어쨌거나 하늘에 감시의 눈을 많이 가지고 있으면 좋은 점이 여럿 있어요. 오염 물질이 어디서 배출되는지 정확히 알고 있으니까, 세계 각국과 각국의 기업들이 해로운 배기가스를 줄이겠다고 한 약속을 성실히 지키는지 확인하는 데도 도움이 되거든요.

체험 활동 우주 비행사처럼 생각하기

우리는 우주 비행사들에 비하면 한결 나아요. 공기가 늘 있으니까요. 새로 만드는 방법까지는 걱정 안 해도 되잖아요. 우리 주변의 공기를 계속해서 살피고 깨끗하게 유지하기만 하면 되지요.

나무 심기

국제 우주 정거장에 공기 재생 시스템이 있다면 지구에는 놀라운 나무들이 있어요. 나무들은 대기에서 이산화 탄소와 일산화 탄소, 기타 오염 물질을

제거해요. 약 4천 제곱미터 면적의 숲은 자동차가 4만 2천 킬로미터를 달리는 동안 배출하는 만큼의 일산화 탄소를 흡수할 수 있어요. 다음 생일에는 선물로 나무를 한 그루 심어 달라고 하면 어떨까요?

에너지 효율적으로 쓰기

전기 사용량을 줄이면 공기를 깨끗하게 지키는 데 큰 힘이 되어요. 방에서 나올 때는 불을 끄고, 컴퓨터나 게임기는 다 쓰고 나면 전원을 꺼요. 빨래는 건조기 대신 빨랫줄에 널어 말리고요. 부모님께 전구나 다른 전자 기기들을 LED 전구처럼 에너지 효율이 좋은 제품으로 바꾸자고 해 봐요.

버스나 지하철 타기

온실가스 전체 배출량의 3분의 1은 교통수단이 차지해요. 어딘가로 이동할 때 걷거나 자전거를 탈 수 있다면 가장 좋겠지요? 그런 방법으로 갈 수 없는 거리라면 버스나 지하철을 이용하는 건 어때요? 많은 사람이 자가용 대신 대중교통을 이용한다면 화석 연료 사용량이나 탄소 배출량을 대폭 줄일 수 있어요.

선풍기와 친해지기

바깥 날씨가 무더워지기 시작하면 에어컨으로 먼저 손이 가지요. 이제부턴 그러지 않는 게 어때요? 에어컨은 대부분 (냉장고도 마찬가지로) 열을 식히기 위해 오존층을 파괴하는 기체를 사용하고, 전력도 많이 소비하거든요.

제습기를 쓰면 공기 중의 습기가 제거되어 공기가 쾌적해요. 선풍기도 더위를 식히는 데 아주 좋고요. 수건을 찬물에 담갔다가 꼭 짜서 팔과 다리를 닦아 내고 선풍기 앞에 서 보세요.

아, 시원해⋯⋯. 피부에서 물기가 증발하면서 뜨거워진 피부를 진정시키고 식히는 효과가 있어요.

데이브 박사님의 실험 교실 _오염 물질 관찰하기

공장 굴뚝에서 나오는 연기나 낡은 자동차들이 뿜는 배기가스는 눈에 잘 띄어요. 그렇지만 평소에는 공기가 깨끗하고 상쾌해 보입니다. 그런데 정말로 그럴까요?

준비물 투명 플라스틱 생수병 1개 | 붓 | 바셀린

실험 과정

1

플라스틱 생수병을 반으로 자른 다음, 손가락이나 붓으로 바셀린을 생수병 안쪽에 잘 펴 바릅니다.

2

생수병을 창턱에 일주일 동안 올려놓아요.

3

생수병 안을 관찰합니다. 바셀린에 뭐가 붙어 있나요? 씨앗, 꽃가루, 곤충, 먼지 같은 오염 물질이 있지요.

4

실험을 계속하고 싶다면 생수병을 한 달 동안 그대로 두었다가 이전 실험과 비교해 보아요.

3

늘어나는
인구,
줄어드는 식량

★ 1교시 지속 불가능한 생산 방식

여러분은 어떤 음식을 가장 좋아하나요? 피자? 떡볶이? 햄버거? 아니면 치킨? (이쯤이면 배에서 꼬르륵 소리가 날 텐데요?) 음식은 신체의 연료로써 몸을 움직이게 해 주지만, 기분을 행복하게 만들기도해요. 우리는 친구나 가족과 함께 맛있는 음식 먹는 걸 좋아하지요. 우주 비행사에게 우주 생활 중 지구의 어떤 것이 가장 그립냐고 물으면, 대부분은 맛있는 음식을 먹는 순간을 첫손에 꼽을 거예요.

그런데 맛있는 음식을 배불리 먹고 난 뒤에는 몇 가지 불편한 진실이 있어요. 먼저, 이 세상 사람들 모두가 식량을 충분히 구할 수 있는건 아니라는 사실이에요. 그리고 식량을 생산하는 방식이 이 행성에서 앞으로도 계속해서 살아가야 하는 우리에게 가혹한 결과를 가져

올 수 있다는 거예요.

우리가 우리에게도, 지구에게도 건강한 방식으로 음식을 먹기로 결심한다면 실천할 수 있는 다양한 해결책이 있답니다. 그러기 위해서는 먼저 우리 앞에 놓인 문제들을 이해해야겠지요?

식량 생산의 악순환

식량을 구하는 건 본래 어려운 문제가 아니어야 해요. 지구의 전체 식량 생산량은 전 세계 인구 모두를 먹이고도 남으니까요. 오히려 식량이 너무 풍족한 나머지 비만과 과체중이 문제로 꼽히는 지역도 있어요.

그런데 문제는 식량이 전 세계에서 골고루 생산되지 않는다는 거예요. 현재 먹을 음식이 충분하지 않은 사람은 8억 2천만 명 이상인데, 그들이 사는 곳은 식량을 기르기에 척박한 경우가 많아요. 이 사

해마다 사람이 먹기 위해 생산된 식품의 약 3분의 1이 낭비되거나 버려지고 있어요. 무게로 따지면 약 13억 톤인데요. 30억 명이 먹고도 남을 양이랍니다.

람들이 제대로 먹고살려면 식량 재배가 가능한 지역에서 더 많이 생산해야 해요.

여기서 문제가 꼬이기 시작해요. 식량을 대규모로 생산하는 산업형 농업은 결코 친환경적이지 않거든요. 오히려 이 지구상에서 가장 지속 가능하지 않은 방식이에요.

식품을 생산하고 가공하고 운반하고 소비하는 과정에서 배출되는

식품 탄소 발자국

탄소 발자국이란 말을 들어 본 적이 있을 거예요. 탄소 발자국은 우리가 어떤 일을 하는 과정에서 나오는 온실가스의 총량을 말해요. 비행기를 타거나, 자동차를 타거나, 아니면 컴퓨터나 티셔츠를 만드는 과정에서요.

식품에도 탄소 발자국이 있는데, 어떤 식품은 발자국을 많이 남겨요. 육류와 유제품이 그래요. 소나 양 등의 가축이 (트림도 하고 방귀도 뀌어서) 메테인을 많이 배출하고, 또 식품으로 가공하는 과정에서 에너지가 많이 쓰이기 때문이에요.

더 많은 사람이 고기를 덜 먹거나 아예 먹지 않으면 지구에 큰 변화가 생길 거예요. 한 사람이 일 년 동안 채식 식단으로 바꾼다면, 자동차 한 대를 육 개월 동안 세워 두는 것과 같은 효과를 볼 수 있어요.

온실가스는 전체 온실가스 배출량의 3분의 1을 차지해요. 해로운 화학 비료와 농약을 써서 작물을 기른 뒤 화학 연료로 운반하니까요. 이는 곧 산림 파괴와 수질 오염으로 이어지게 되어요. 그야말로 '기후 변화'를 일으키는 요인이지요.

이처럼 특정 지역의 식량을 공급하기 위해 지속 가능하지 않은 방식으로 생산하면 어떤 일이 벌어질까요? 악순환의 시작이에요. 사람들에게 식량이 필요하니까 더 많이 생산해요. 그러면 생산 방식이 기후 변화를 부채질하고, 기후 변화는 다시 특정 지역을 더욱 척박하게 만들지요. 그렇게 계속 빙글빙글 돌아요.

설상가상으로 세계 인구가 계속해서 증가하고 있어요. 2050년에는 이 지구에 약 98억 명이 살 것이라고 예측되는데요. 그렇게 되면 식량은 지금보다 더 많이 필요할 거예요. 몇몇 전문가들은 2050년의 식량 수요가 현재보다 최소한 60퍼센트는 늘어날 거라고 생각해요. 그렇다는 건 식량 공급에 더욱 비상이 걸린다는 뜻이지요. 현재도 식량을 구하기 힘든 지역이라면 특히 더 그럴 거예요.

식량이 불안정하다고?

'식량 불안정'이란 우리가 건강한 삶을 살기 위해서 먹어야 하는 안전하고 영양가 있는 음식을 구할 수 없는 상태를 말해요. 식량 불

가뭄 날씨로 작물이 타격을 입어요. ©Shutterstock

안정은 식량이 정말로 없어서 그렇게 되기도 하지만, 식량을 사거나 직접 기를 자원이 없어서 그렇게 되기도 해요.

식량 불안정 문제는 점점 증가하는 추세예요. 특히 아프리카 대륙의 사하라 이남(인구의 26.2퍼센트가 굶주리고 있어요.), 카리브해 연안(인구의 16.1퍼센트가 굶주리고 있어요.), 남아시아(인구의 15.8퍼센트가 굶주리고 있어요.)에서 흔히 나타나요. 기후 변화와 도시화, 토양의 악화 등이 식량 불안정 문제를 부채질하고 있지요. 물 부족과 환경 오염, 불평등도 문제고요.

식량 불안정이란 배에서 꼬르륵 소리가 나는 수준의 문제가 아니에요. 몸속의 영양이 부족하면 갖가지 질병에 걸리기 쉽고, 건강이

나빠질 수 있으며, 스트레스가 쌓일 수 있어요. 피로를 쉽게 느끼고 집중력이 흐트러져서 학업과 업무에 집중하기 힘들 수도 있고요. 학생들의 출석률도 영향을 받는데, 식량 불안정 상태에 있는 가정의 아이들은 공부 대신 일을 하거나 집안을 돌봐야 할 때가 많아요.

코로나19 바이러스가 기승을 부리는 동안 세계 곳곳의 가정에서 식량 불안정 상태를 직접 경험했어요. 감염되는 사람이 계속 늘면서 식량 생산 업계에는 일할 수 있는 사람이 부족해졌지요. 각국이 국경을 봉쇄하면서 식량을 생산지에서 판매지로 운반하는 일이 힘들어졌고요.

식량 불안정 문제는 저소득 국가에 좀 더 초점이 맞춰지게 마련이지만, 사실 어디에서나 볼 수 있어요. 대도시에 사는 사람도, 작은 마을에 사는 사람도 모두 식품을, 특히 건강한 식품을 구하기가 어려울 수 있거든요.

혹시 '식품 사막'이란 말을 들어 봤나요? 신선한 과일이나 채소 등의 건강한 식품을 사기 위해 이십 분 이상 걸어가야 하는 지역을 뜻해요. 더 심각한 건 식품 사막이 주로 저소득 가정이 많은 지역에 있다는 거예요. 저소득 지역 주민들은 자동차가 없는 경우가 많아서, 건강한 식품을 파는 매장까지 가기가 더욱더 어려워요.

그렇다면 '식품 늪'은 어떤 느낌인가요? 언뜻 좋은 곳인 것처럼 들

릴지 모르지만, (음식의 늪이라니, 어떻게 나쁠 수 있겠어요?) 실제로는 아니에요. 식품 늪은 건강하지 못한 식품이 건강한 식품보다 월등히 많은, 다시 말해 건강한 식품을 '늪처럼 삼켜 버린' 지역을 말해요. 식품 늪에서는 과일이나 채소를 파는 곳을 찾기 힘들어요. 대신에 탄산음료나 감자칩, 냉동 식품 같은 가공식품을 파는 편의점이나 패스트푸드 매장은 얼마든

 숫자로 알아보는 식량 불안정 상황

· 6억 6,300만 명이 영양 결핍 상태에 있어요.

· 인구의 9퍼센트(약 7억 명)가 '심각한' 식량 불안정 상태에 있어요. 25퍼센트(약 20억 명)는 '중간 정도의 혹은 심각한' 식량 불안정 상태에 있고요.

· 땅의 40퍼센트는 너무 건조해서 식량을 재배할 수 없어요. 앞으로 기온이 계속해서 오르면 더욱더 심각해질 거예요.

· 2050년이 되면 오늘날 우리가 생산하는 식량의 양으로는 세계 인구의 절반밖에 먹지 못할 거예요.

· 식량을 생산하려면 물이 많이 필요해요. 밀 1킬로그램을 생산하려면 물이 약 1,500리터, 쇠고기 1킬로그램을 생산하려면 약 1만 5,000리터가 필요해요. 물이 점점 고갈되고 있어서, 2050년이 되면 식량 생산에 필요한 물이 두 배가 될 거예요.

지 찾을 수 있지요.

이처럼 우리가 음식을 섭취하기까지는 아주 많은 일이 벌어져요. 이쯤에서 우리는 그 일들을 재검토해야 해요. 지구에 사는 모두가 먹을 음식을 구할 수 있고, 이 지구가 계속해서 번성하기를 바란다면요. 이제 새로운 조리법으로 요리할 시간이에요. 바로 우주 비행사들이 도와줄 수 있어요.

2교시 우주 식량 기르기 대작전

우주 비행사들에게는 우주에서만 겪는 식량 문제가 있어요. 씨를 뿌릴 밭도 없고 수확할 곡식도 없는 우주에서 식량이 불안정해지면 지구에서보다 훨씬 더 큰 문제가 되겠지요?

식량은 임무를 마칠 때까지(적어도 식량을 실은 우주 화물선이 도착할 때까지) 먹을 양이 있어야 해요. 보관할 자리가 마땅치 않으니까 자리를 많이 차지해서는 안 되고요. 감자칩이나 빵 부스러기 하나로도 고장이 날 수 있는, 극도로 민감하고 놀랄 만큼 비싼 기기와 장비들이 가득한 공간에서는, '환경을 보호합시다'라는 구호가 지구에서와는 달리 엄청난 무게를 지닐 수밖에요!

우주에도 다양한 음식이…

우주 탐사 초기에는 우주 비행사들이 우주에서 음식을 얼마나 먹을 수 있고, 또 얼마나 소화할 수 있을지 그 누구도 장담하지 못했어요. 과연 우주 비행사들은 미소 중력 환경에서 음식을 삼킬 수 있을까요? 최초로 답을 알아낸 사람은 1962년에 머큐리 계획에 참여한 미국의 우주 비행사 존 글렌이에요.

치약 형태의 튜브에 담긴 쇠고기와 채소 퓌레, 사과 소스와 알약 모양의 자일로스슈거 등, 존이 먹은 음식은 모두 물로 희석해 맛이 뛰어나지는 않았지만, 필요한 영양분과 열량을 모두 공급해 주었어요. 온전한 식품보다 소화하기도, 보관하기도 쉬웠고요.

오늘날의 우주 비행사들은 사정이 한결 나아요. 지금은 200가지 이상의 메뉴를 고를 수 있고, 대부분은 야영지에서 먹는 음식처럼 먹기 전에 물을 넣어 불려야 해요.

스크램블드에그가 먹고 싶다고요? 바로 가져다 드리죠. 오트밀, 그래놀라, 치킨도 있어요. 부스러기가 떨어질 위험 때문에 빵은 아

 우주 비행사들은 대개 인스턴트커피를 마셔요. 그런데 2014년 11월, 이탈리아 우주 비행사 사만타 크리스토포레티가 최초의 우주 궤도 바리스타가 되었어요. 라테 시키신 분? 아니면, 에스프레소?

직도 절대 출입 금지지만, 그 대신 토르티야를 먹을 수 있답니다. 토르티야로도 얼마든지 땅콩버터 잼 샌드위치를 만들 수 있지요!

현재로서는 이 메뉴로도 문제없어요. 감자칩만 몇 달 끊으면 되지요. 그렇지만 앞으로는 어떻게 될까요? 우주에서 더 오래 머무르는 탐사 임무가 계획 중이니까, 어떤 걸 먹을 수 있을지 찾아내는 일이 그 어느 때보다 중요해요.

우주에서 식량을 직접 기른다고?

우주 공간에서 우주 비행사들이 먹을 수 있는 음식을 늘리는 방법 중 하나는 우주 비행사들이 식량을 직접 기르는 거예요. 지난 이십 년 동안 각국의 우주 기관들은 미소 중력 환경에서 수경 재배 또는 수기경 재배 방식을 실험해 왔어요.

수경 재배는 특수 배양액에 뿌리를 담가 영양분을 전달하는 방식으로 식물을 기르는 거예요. 수기경 재배는 영양분을 녹인 배양액을 안개처럼 뿜어서 기르는 방법이고요.

두 방법 모두 흙이 없어도 되는 데다 물 사용량도 줄일 수 있어요. 식품은 계

속 공급받아야 하지만, 마트가 없는 우주 환경에서는 정말로 유익한 일이랍니다! 우주 기관들은 미래 달 탐사 임무에 사용할 수 있도록 이 두 가지 재배법을 모두 열심히 연구하고 있어요.

우주에서 채소는 균형 잡힌 식사를 위해 꼭 먹어야 하는 음식 이상의 의미가 있어요. 우주 정거장에서 '베지'는 실제로 채소를 기르는 텃밭을 의미해요.

2014년에 처음 선보인 베지는 슈트 케이스만 한 공간에서 여섯 가지 채소를 길러요. 채소들은 비료가 혼합된 성장 배지에서 뿌리로 물과 영양분, 공기를 공급받으며 자라지요. 우주 공간에서는 액체가 다른 방식으로 움직이니까, 이 성장 배지의 역할이 매우 중요해요. 배지가 없다면 뿌리가 물에 잠겨 죽거나, 뿌리 곁에 공기만 남게 될 거예요.

태양 빛이 없는 우주에서 채소가 성장하는 데 필요한 빛은 LED 조명이 담당해요. 식물은 녹색광을 반사하고 식물의 성장에는 적색광과 청색광이 더 많이 필요하기 때문에 우주 정거장의 베지에서는 자홍색으로 빛나지요.

우주 비행사들도 자신이 기르는 식물을 몹시 아껴요. 열심히 일한 결실을 먹을 수 있을 때 더욱더 그렇지요. 베지에서는 배추, 겨자, 케일, 그리고 세 종류의 상추가 자라요. 심지어 백일홍이 꽃을 피우기

데이브 박사님의 우주 생활 _우주에서 회식하기

우주 정거장에서 성대한 만찬이야 즐기지 못할지라도, 우리 우주 비행사들도 여전히 함께하는 식사 자리를 사랑합니다. 우주 공간에서 저녁 식사는 밤까지 이어지는 회식이에요. 우주 비행사들은 다른 임무의 우주 비행사들과 나눌 음식을 열심히 찾습니다.

우주 생활에서 좋았던 기억이 하나 있어요. 내가 속해 있던 STS-118 임무의 우주 비행사들이 엑스퍼디션15 임무의 우주 비행사들과 우주 정거장의 러시아 구역에서 만나 맛있는 음식을 나누어 먹으며 어울렸던 적이 있는데요.

우리는 지구에서 친구들을 만날 때처럼 저마다 자기 쪽 식품 보관실에서 음식을 들고 와 모였어요. 카즈머놋(러시아 우주 비행사)들이 좋아하는 음식을 맛보는 일은 무척 즐거웠답니다. 우주 정거장의 승무원 우주 비행사들은 우리가 우주 왕복선에 싣고 온 간식과 신선한 과일에 감사 인사를 전하기도 했어요.

도 했지요. 백일홍은 우주 비행사 스콧 켈리 덕분에 특히 인기가 많아졌는데요. 2016년에 켈리가 우주 정거장의 관측 모듈인 큐폴라 모듈에서 지구를 배경으로 백일홍 사진을 찍었거든요.

2015년에 미국의 우주 비행사들은 직접 기른 채소를 러시아 우주 비행사들과 뿌듯한 마음으로 나누기도 했어요. 미국 항공 우주국 소속 키엘 린드그렌은 직접 기른 상추를 우주의 치즈버거에 곁들여 먹었답니다.

수확한 채소의 절반은 우주 정거장에서 소비되고, 나머지는 분석을 위해 지구로 보냈어요. 과학자들은 생산된 채소에 해로울지 모르는 미생물이 증식할까 봐 염려하고 있었거든요. 다행히 아직까지 해로운 미생물은 발견되지 않았어요.

케네디 우주 센터의 식품팀은 앞으로 토마토, 후추 등의 농작물을 더 심으려고 해요. 블랙베리 등 베리류와 다양한 콩류도 유용할 것

우주에서 호박 기르기

우주 비행사들은 우주 정거장에 머무는 내내 각종 과학 연구를 진행해요. 우주 비행사 도널드 페팃은 2011년에서 2012년에 걸쳐 미소 중력 환경이 식물 성장에 미치는 영향을 연구하고 있었어요.

페팃은 지퍼가 달린 비닐 팩에 물을 아주 조금 넣는 수기경 재배법으로 해바라기, 브로콜리, 그리고 길쭉한 호박을 길렀어요. 결과에 만족한 페팃은 자신의 농작물에 이름을 붙이고 블로그까지 운영했지요. 블로그 제목은 〈우주 호박 일기〉였답니다.

채소를 기르자 음식도 더 생기고 우주 정거장이 더 집처럼 느껴졌어요. 페팃은 이런 말을 남겼어요.

"이 기계의 숲에서는 살아 있는 녹색 식물의 내음만 한 것이 없다."

으로 보여요. 우주 방사선을 막는 영양분을 공급할 수 있거든요. 과학자들은 비트, 시금치, 토마토 등을 포함하는 항산화 식단이 방사선의 해로운 영향력을 줄일 가능성이 크다는 걸 밝혀냈어요.

우주에는 식물 재배 장치도 있어요. 식물의 성장 조건에 알맞게 온도, 습도, 광도 등을 조절하여 식물을 재배하는 장치예요. 식물 재배 장치도 LED 조명을 사용하고, 점토로 물과 영양분, 산소를 공급해요.

식물 재배 장치는 베지와 달리 알아서 식물을 길러요. 수많은 카메라와 180개가 넘는 감지기로 지구의 케네디 우주 센터와 끊임없이 정보를 공유하는 덕에 가능한 일이지요. LED 조명도 베지보다 더 다양해서 적색광, 녹색광, 청색광뿐 아니라 백색광과 근적외선 장비도 갖추고 있어요. 심지어 밤 시간대 영상을 위한 적외선 장비도 있답니다.

식물 재배 장치의 등장으로 자동화 온실 개발 과정이 한 단계 나아갔어요. 앞으로 달과 화성에서 더 많은 농작물을 기르는 데 이용하겠지요.

베지와 식물 재배 장치는 최첨단 과학 기술 그 자체일지 모르지만, 여기에 쓰인 수경 재배와 수기경 재배는 예전부터 있었어요. 세계 7대 불가사의 중 하나인 기원전 오백 년의 바빌론 공중 정원에서 수경 재배를 했다고 생각하는 과학자들도 있거든요.

세계가 식량 불안정 상태를 겪는 지금이 어쩌면 고대의 이 기술을 다시 불러올 때인지도 몰라요. 두 가지 재배법 모두 전통 농법의 재배 조건이 필요하지 않으니까, 현재 농작물을 경작하기 어려운 지역과 앞으로 어려워질 지역에서 쓰일 수 있어요.

흙 없이 물에서, 수경 재배

나이지리아가 그런 지역이에요. 나이지리아는 가뭄이 자주 드는 탓에, 농작물이 산지에서 시장으로 오는 길에 운송이 지연되어서 상해 버리는 일이 잦아요. 게다가 지금은 상황이 더 나빠지고 있어요. 사하라 사막이 점점 넓어지고 있거든요. 원래 작물을 기르던 땅마저

지난 백 년 동안 사하라 사막은 매년 7,600제곱킬로미터 이상 넓어지고 있어요. 현재 사하라 사막은 1920년과 비교해서 10퍼센트나 더 넓어요.

사막으로 바뀌고 있어요.

설상가상으로 2016년에는 '투타 앱솔루
타'라는 이름의 해충이 나이지리아 농
부들을 덮쳤어요. 토마토 잎사귀 나방
이나 토마토 에볼라라는 무서운 별명
으로 잘 알려진 이 해충 때문에 수백여
농장의 토마토가 훼손되었거든요. 그 바
람에 토마토 가격이 400퍼센트나 치솟으면서,
나이지리아 국민 대다수는 너무 비싸서 사 먹을 수 없게 되었지요.

식탁을 차리는 일에 자꾸 문제가 생기자 사람들은 창의적인 방법
을 찾게 되었어요. 생선을 양식하는 알하지 벨로는 양식 수조에서
버려지는 폐수를 보며 수경 재배를 떠올렸어요. 벨로는 농업, 어업
종사자들에게 새로운 기술을 교육하는 단체의 도움을 받아 자신만
의 설비를 고안했답니다.

먼저 박테리아를 이용해서 폐수의 물고기 똥을 영양분으로 만들
어요. 그리고 이 영양분 가득한 물로 채소를 기르지요. 마지막으로
깨끗해진 물을 양식 수조로 돌려보내요.

아이디어는 성공적이었어요! 벨로는 가로 8미터, 세로 10미터의
텃밭에서 토마토, 상추, 후추 등을 길렀고, 일반적인 텃밭보다 더 많

은 양을 수확했어요. 벨로는 이렇게 말했어요.

"보통 밭에서 토마토 포기당 생산량은 최대 10킬로그램이지만, 수경 재배법으로 생산하면 50킬로그램까지 늘릴 수 있습니다."

자원을 덜 들이는 이 방법은 잡초와 해충으로부터 농작물을 보호할 뿐만 아니라 흙을 통해 번지는 전염병을 걱정할 필요가 없으니 농약도 쓰지 않아요.

벨로는 나이지리아에 새로 등장하고 있는 '농업 창업가'예요. 수경 재배법이 적용된 새로운 농법을 배우려는 농업 창업가들은 점점 늘어나고 있지요. 기존 농법으로는 나이지리아의 상황이 더욱 나빠질 가능성이 크다는 것을 알기에, 벨로에게 도움을 주었던 교육 단체는 2025년까지 벨로 같은 농부를 10만 명을 더 길러 낼 계획이에요. 대학들 또한 교과 과정에 수경 재배 수업을 개설함으로써 행동에 나서고 있지요.

수경 재배법은 가뭄과 척박한 토양 탓에 농사짓기가 어려운 지역에서 잘 쓰이고 있어요. 혹시 앞에서 살펴보았던 식품 사막과 식품 늪을 기억하나요? 수경 재배법은 식품 사막과 식품 늪 지역에도 도움이 될 수 있어요. 수경 재배 농장은 베란다나 옥상, 창고에 설치하기 알맞거든요. 그래서 농장을 지을 자리는 마땅치 않은데 식품 불안정 상태를 겪고 있는 도시 지역에서 아주 유용하지요.

미국 미시간주의 킴벌리 버핑턴이라는 기업은 수경 재배 농장을 운영하고 있어요. 수경 재배법으로 농작물을 길러 지역 음식점과 대학교, 병원 등에 납품하지요. 그뿐만 아니라, 식품 부족을 겪는 구역

지속 가능성 분야의 슈퍼스타, 수경 재배

수경 재배에도 물이 필요해요. 하지만 엄청나게 많은 양은 아니에요. 오히려 물이 굉장히 절약되지요. 기존 농법에 쓰이는 물의 10퍼센트만 있으면 되거든요. 대단하지요?

그런데 수경 재배가 지속 가능성 분야에서 슈퍼스타인 진짜 이유는, 많이 쓰지도 않은 이 물을 계속해서 다시 쓸 수 있다는 거예요.

나이지리아에서 남쪽으로 약 6,000킬로미터 떨어진 국가 짐바브웨는 한 세기 넘게 극심한 가뭄에 시달리고 있어요. 하수 체계가 낙후한 탓으로 얼마 없는 물마저 비위생적일 때가 많고요. 모두가 식품을 안정적으로 유통하고 가격이 치솟지 않도록 애쓰는 상황이어서, 수경 재배는 점점 더 인기를 끌고 있어요.

짐바브웨의 수도 하라레에 사는 쉰 살의 여성 베넨시아 무카라티는 식구들을 위해 자신만의 재배 설비를 고안했어요. 무카라티는 이 재배법으로 근처 음식점들에 상추, 오이, 시금치 및 각종 허브를 납품할 만큼 성공을 거두었지요. 지금은 온실 농장을 확장한 것뿐만 아니라, 자신만의 시스템을 시작하려는 다른 사람들을 교육하고 있어요.

물이 없다고요? 그래도 아무 문제 없어요!

에도 식품을 공급하고요. 이 '도시 농장'은 원래대로라면 멀리 캘리포니아나 멕시코에서 싣고 와야 했던 각종 허브나 채소를 직접 기른다는 점에서 크게 자부심을 느끼고 있어요.

뉴욕시와 시카고시에도 식품 불안정 상태를 겪는 구역들이 있어요. 이곳에서는 고담 그린스라는 기업이 시내 건물 옥상에 일 년 내내 신선한 채소를 기를 수 있는 온실을 설치했어요. 온실에서 생산한 각종 허브 및 채소들을 지역 식료품점과 인터넷에서 판매했지요.

거기에서 그치지 않고 지역 공동체에도 협력하고 있어요. 고담 그린스가 시카고 비영리 단체 어번 그로우어스 콜렉티브에 채소를 공급하면, 이 단체가 운영하는 버스가 싱싱한 채소를 학교와 비영리 지역 의료 기관 등에 전달해요.

한 연구에 따르면, 세계 곳곳의 도시들이 도시 농업에 나선다면 매년 2억 톤의 식량을 생산할 수 있다고 해요. 기후 변화로 기존 농법의 설 자리가 점점 더 좁아지는 상황에서 참 반가운 소식이지요.

추운 지역에서도 식물이 잘 자란다고?

지금까지는 지구가 점점 더워지면서 식량 생산에 어떤 영향을 미치고 있는지를 중점적으로 살펴보았어요. 그렇다면 날씨가 너무 추워서 아예 농사를 지을 수 없는 지역들은 어떨까요?

캐나다의 북극 지역이 그래요. 캐나다 북부의 누나부트준주에서는 주민의 46퍼센트가 식품 불안정 상태에 있어요. 신선한 과일과 채소를 무조건 남부 지역에서 운송해 와야 하거든요. 이곳에서는 브로콜리가 한 송이에 거의 10달러, 포도가 한 봉지에 22달러에 달해요.

이를 해결하기 위해 여러 기업이 선적용 컨테이너에 수경 재배 수직 농장을 설치해서 북쪽 지역으로 보내고 있어요. 영하 52도까지 내려가는 저온에서도 작물을 기를 수 있도록 컨테이너에 냉기를 차단하는 단열 처리를 하지요. 방수 처리는 당연하고요!

특히 그로우서라는 기업의 농장들은 작지만 엄청난 생산성을 보여 주어요. 컨테이너 농장 하나당 3천 포기에서 5천 포기의 식물을 기를 수 있거든요. 이렇게 생산한 작물은 멀리 북부까지 배송되어 오는 작물과 비교하면 훨씬 저렴한 가격으로 지역 시장이나 음식점에 팔 수 있어요.

컨테이너 농장은 날씨가 추운 지역에서 찾은 해결책이에요. 전문가들은 이들 지역에 더 큰 규모의 수직 농장들이 들어서길 바라고 있

나우르비크는 북극권 한계선에서 약 250킬로미터 북쪽, 누나부트준주의 조우 헤이븐에 위치한 수경 재배 농장이에요. '나우르비크'라는 이름은 이누이트 언어로, '성장하는 장소'라는 뜻이랍니다. ⓒNaurvik

어요. 하지만 쉽지 않은 일이에요. 뭐가 가장 문제냐고요? 설치 비용과 정원 운영에 필요한 난방비가 넘어야 할 산이거든요.

수경 재배 농법만이 답일까?

수경 재배와 수기경 재배는 늘어나는 전 세계 인구에게 지속 가능한 방식으로 식량을 공급하는 데 분명히 힘이 되지만, 완벽한 해결책이라 할 수는 없어요.

현재 수경 재배 농장에서 재배되는 작물은 열량이 낮은 채소들로,

모든 영양소가 풍부하게 들어 있지는 않거든요. 채소만으로는 배고픈 인류가 필요한 영양소를 모두 채울 수 없어요. 필요한 영양소를 모두 공급하려면 열량이 높은 뿌리 작물(비트, 감자, 양파 등), 곡물(밀, 옥수수, 쌀 등)과 과실수(과일이나 견과류 등 열매를 맺는 나무)를 기를 방법을 찾아야 해요. 육류나 유제품도 필요하고요.

수경 재배 농법으로 기르는 벼(위)와 수경 재배 온실에서 재배하는 딸기(아래) ⓒShutterstock

더구나 수경 재배 농장은 작은 규모라도 설치하기가 복잡할 수 있어요. 비용이 많이 드는 건 말할 것도 없지요. 각종 장비를 사고 조립해야 하며, 작물에 영양도 보충해 주어야 하고, 난방이나 조명도 인공적으로 공급해야 해요. 그 과정에서 전기료가 추가된답니다. 헉, 어쩌다 전기가 끊긴다면? 농사를 완전히 망칠 수도 있어요.

수경 재배 농법은 기후 변화라는 위기를 맞은 배고픈 지구에 맞추어 진화할 수 있을까요? 시간만이 그 답을 알 거예요.

우주 비행사들은 우주에서 지내는 동안 어떻게 하면 자신들이 먹을 식량을 지속 가능하고 효율적인 방식으로 공급받을지 꾸준히 연구하고 있어요. 농작물을 직접 기르는 것도 여러 방법 중 하나지요. 물론 우리도 우주 비행사처럼 생각하며 직접 작물을 기를 수 있어요.

텃밭 가꾸기

넓은 땅이 있어야만 텃밭을 가꿀 수 있는 게 아니에요. 마당 귀퉁이에 조그맣게 시작해도 좋고, 베란다에 자그마한 용기를 두고 시작해도 괜찮아요.

인터넷에 검색하거나 가까운 종묘사를 찾아가서 내가 사는 지역에서 잘 자라는 작물을 확인하도록 해요. 날씨 걱정 없이 일 년 내내 작물을 기르고 싶다면, 가정용 수경 재배 키트를 설치해서 각종 허브나 채소를 길러 볼 수도 있어요. 과일도 집에서 기를 수 있을 거예요.

농산물 직거래 장터 이용하기

가까운 지역에서 나는 농산물을 먹으면 온실가스 배출량을 줄일 수 있어요. 우리 지역에서는 어떤 농작물이 나는지 자세히 알고 싶

고 우리 지역 생산자들을 응원하고
싶다면, 농산물 직거래 장터가 답이
되어 줄 거예요. 장터의 농작물은
모두 싱싱한 제철 농산물인 데다가,
아주 멀리서 운반되어 올 필요도 없
어요.

식물성 식품 많이 먹기

앞에서 우리는 어떤 식품은 탄소 발자국을 특히 많이 남긴다는 사
실을 알았어요. 육류는 탄소 발자국 수치가 높았지요. 그렇다면 식
물성 식품을 더 많이 먹으면 어떨까요? 채소와 과일도 좋고, 병아리
콩이나 렌틸콩 같은 콩류도 좋아요.

계속해서 생산할 수 있는 식품을 중심으로 균형이 잡힌 식사를 하
면 우리의 건강과 지구의 건강에 모두 좋고, 지속 가능하고 건강한
미래를 만드는 데도 도움이 되어요.

지역 공동체와 공생하기

요즘 공동체 텃밭이 뜨고 있어요! 도시를 중심으로 퍼져 나가고
있는 이 공동체 텃밭은 지역 주민들이 함께 각종 농작물을 기르는

텃밭이에요. 생산한 농작물은 기른 주민들이 직접 가져가기도 하고, 필요한 주민들에게 기부하기도 해요.

여러분이 사는 지역에도 공동체 텃밭이 있나요? 없다면 여러분이 먼저 나서서 부모님이나 선생님, 혹은 이웃 어른들께 함께 텃밭을 만들자고 이야기해 봐요.

푸드 뱅크에 기부하기

마지막 아이디어는 데이브 박사님이 들려준 우주 회식 이야기에서 영감을 얻었어요. 우리 서로 나눠 먹어요! 여러분이 늘 풍족하게 식사를 할 만큼 운이 좋은 환경에서 산다면, 그렇지 않은 사람들을 도우면 어떨까요?

생각보다 많은 가정이 푸드 뱅크의 도움을 받아요. 여러분이 사는 지역에도 푸드 뱅크가 있는지 찾아보고, 혹시라도 가까이 있다면 음식을 기부해 보세요. 서로서로 나누면 모두에게 이익이에요.

데이브 박사님의 실험 교실 _집에서 수경 재배하기

도널드 페팃과 그가 기른 우주 호박을 기억하나요? 이번 실험에서는 페팃이 쓴 방법을 이용해서 씨앗에 싹을 틔우려고 합니다. 이번 실험은 봄에 하는 것이 가장 좋아요. 실험 후에 싹이 난 씨앗을 흙에 바로 옮겨 심을 수 있으니까요.

준비물 지퍼백 | 키친타월 | 분무기 | 씨앗 | 접착용 셀로판테이프 | 물 | 화분

실험 과정

1

키친타월을 한 장 뜯은 후, 분무기로 물을 골고루 뿌려 줍니다.

2

씨앗을 키친타월의 절반에만 적당한 간격으로 뿌립니다.

3

키친타월을 반으로 접은 다음, 지그시 눌러 씨앗을 고정합니다.

4

지퍼백에 키친타월을 넣고 공기를 빼낸 뒤 지퍼를 닫습니다.

5

지퍼백에 실험한 날짜와 씨앗 품종을 기록하고 테이프로 창문에 붙입니다. 키친타월 속 씨앗들이 밖에서 보여야 합니다.

6

귀여운 씨앗들을 매일 관찰하세요. 씨앗에서 싹이 돋아나면 작은 화분에 옮겨 심어요.

인류가
만든
쓰레기 섬

★ 1교시 지구는 지금 쓰레기 천지

여러분은 아마 태평양의 거대 쓰레기 섬을 알고 있을 거예요. 학교에서 배웠을 수도 있고, 인터넷 기사를 읽었을 수도 있겠지요. 쓰레기가 태평양을 둥둥 떠다니다가 쌓여서 거대한 섬을 이룬 거랍니다. 얼마나 큰지 우주에서도 보인다나요.

하지만 그건 사실이 아니에요. 한반도 면적의 15배에 달한다는 얘기도 들어 봤지요? 이 말 역시 사실이 아니에요. 정확한 면적은 아무도 모르거든요. 매 순간 달라지고 있으니까요. 그렇다면 여기서 진짜 중요한 건 뭘까요? 그런 쓰레기 섬을 바로 우리가 만들었다는 사실이에요.

여러분은 하루에 쓰레기를 몇 가지나 버리나요? 다 마신 주스 팩,

간식으로 먹은 초코바 포장지, 손을 닦은 물티슈……. 학교에서는 이런 쓰레기가 얼마나 나올까요? 학원이나 편의점, 마트에서는요? 쓰레기는 우리가 생활하는 곳곳에서 하루도 빠짐없이 마구마구 나와요. 그러니 지구가 엄청난 쓰레기 문제로 골머리를 앓는 건 너무나 당연한 일이지요!

재활용도 쉽지가 않아

처음부터 쓰레기가 이렇게 많이 쌓였던 건 아니에요. 우리가 쓰레기를 만들어 냈지요. 이미 수천 년 전부터 동물의 뼈나 조개껍데기, 먹고 남은 음식 등을 모닥불 옆에다 두거나 마을 언저리에 묻었지요. 그 때만 해도 자연 분해가 가능했어요. 오랫동안 내버려두면 저절로 분해되어 땅으로 되돌아갔거든요. 자연 환경에 해를 끼치는 일 없이요.

요즘은 어떤가요? 페인트, 배터리, 타이어 등 유독한 재료로 만든 쓰레기가 규정에 따라 분류되지 않은 채 쓰레기 매립장으로 향하고 있어요.

우리가 즐겨 쓰는 스마트폰, 태블릿, 컴퓨터 등은 버려지면 '전자 폐기물'이 되지요.

게다가 우리는 정말 많은 것을 플라스틱으로 만들고 포장해요. 플라스틱 장난감을 사고 난 뒤 뜯어서 버린 포장지는 어디로 갈까요? 쓰레기통이나 재활용 수거함으로 가게 되지요. 고장이 나거나 가지고 놀다가 싫증이 난 장난감은요? 역시 쓰레기통행이지요.

이런 플라스틱의 대부분이 쓰레기 매립장에 도착해요. 거기에서 수백 년 동안 사라지지 않는답니다. 어떤 플라스틱은 잘게 부서지면서 화학 물질을 흩뿌리기도 하고요.

또 다른 문제는 지금 지구에 사는 사람들의 수가 역사상 그 어느 때보다 많다는 거예요. 세계 인구는 2016년에 74억 3천만 명이었는데, 그들이 만들어 낸 쓰레기의 양은 자그마치 2조 100억 킬로그램이었어요.

인구는 계속해서 늘어나고 있지요. 2024년 기준으로 지구에는 약

2018년, 미국에서는 매일 5억 개의 플라스틱 빨대가 사용되었어요. 모두 연결하면 지구를 두 바퀴 돌고도 남아요. 다행히도 지금은 여러 도시와 국가에서 플라스틱 빨대의 사용을 금지하고 있어요.

81억 명이 살고 있어요. 2050년에는 98억 명에 도달할 거라고 예측 중이고요. 이 많은 사람이 만들어 낼 쓰레기 더미를 상상해 보세요.

그렇게 배출된 쓰레기는 여러 가지 문제를 일으켜요. 바다에 플라스틱이 쌓이면 해양 생물과 어업 종사자들이 위협받게 되어요. 쓰레기 매립지에서는 메테인과 이산화 탄소를 대량으로 뿜어내고 있고요. 이 기체들이 기후 변화를 부채질한다는 건 다들 알고 있지요? 게다가 제대로 수거되지 않은 쓰레기는 각종 질병과 공해를 일으켜요.

심지어 미국이나 캐나다, 영국 같은 국가들은 자기네 쓰레기를 가난한 나라로 보내고 있어요. 쓰레기를 재활용하라나요? 언뜻 생각하면 새로운 일거리가 생겨나 좋을 것 같지만, 그런 쓰레기들은 재활용되지 않고 그냥 소각되거나 매립되는 경우가 많아요. 그 과정에서 독성 화학 물질들이 마을이나 도시로 퍼져 나가게 되지요. 결국엔

 1950년대부터 생산된 플라스틱의 9퍼센트만이 재활용되고 있어요.

그 쓰레기를 버리지 않은 사람들이 고스란히 피해를 입는 셈이에요.

재활용이 정답은 아니야

쓰레기를 처리하는 과정에서 재활용은 아주 중요해요. 그렇지만 재활용만으로는 다 해결할 수 없어요. 재활용되는 양이 너무나 적거든요. 재활용이 지속 가능한 삶을 살아가는 데 중요하다고 여기는 사람이 많지만, 정작 재활용되지 않고 그대로 버려지는 것들이 아주

숫자로 알아보는 쓰레기 실태

- **1만 원**어치의 물건을 살 때마다 1천 원은 포장재에 쓰여요. 포장재를 다 합치면 가정에서 배출하는 쓰레기의 65퍼센트에 해당해요. 쓰레기장 면적의 약 3분의 1이죠.
- **쓰레기를 처리하는 데**도 비용이 들어가요. 쓰레기 1톤을 재활용하는 데 4만 원, 매립지로 보내는 데 약 7만 원, 그것을 태우는 데에는 10만 원가량이 들어요.
- **2020년**에 전 세계에서 버려진 전자 폐기물의 양은 5,900만 톤이었어요. 크루즈선 350척의 무게와 같아요.
- **최소 20억 명**이 정기적인 쓰레기 수거 서비스를 받지 못해요. 그러면 생활하는 곳 가까이에 쓰레기가 쌓이게 되지요.

많지요. 전 세계에서 독일의 재활용률이 66퍼센트로 꽤 높은 편이에요. 하지만 세인트루시아나 모나코, 아제르바이잔 등 여러 국가는 0피센트에 가깝답니다. 상황이 이러하니 재활용 과정을 건너뛰고 쓰레기 매립지로 직행하는 쓰레기가 그렇듯 많은 거지요.

재활용이 안 되는 것들이 재활용 수거함에 들어가기도 해요. 깨끗이 세척하지 않은 요구르트 병이나 땅콩잼 통이 그래요. 내용물이 조금이라도 남아 있으면 재활용 과정에서 엄청난 양의 종이를 더럽히게 되어요. 오염된 종이는 모두 쓰레기로 버려지고요.

사실 너무 많은 사람이 너무 많은 것을 버리고 있어요. 지구와 지구에서 살아가는 모든 것을 위해서, 우리는 쓰레기를 줄이고 제대로 처리할 방법을 얼른 찾아야 해요.

2교시 우주 쓰레기의 재탄생

쓰레기 문제라면 국제 우주 정거장과 지구는 공통점이 많아요. 지구의 우리처럼 우주 비행사들도 쓰레기를 많이 만들거든요. 또 우리처럼, 각국의 우주 기관들도 쓰레기를 줄이고 재사용할 방법을 찾고 있고요. 앞으로 우주 비행사들을 지구에서 더 멀리 보내 더 오래

머무르게 하는 임무를 계획 중이니까, 쓰레기 처리 방법이 아주 중요하지요.

국제 우주 정거장은 길이가 약 109미터에 너비가 약 73미터니까, 얼추 축구장 한 개 넓이예요. 면적의 3분의 2를 각종 장비와 짐이 차지하고, 최대 일곱 명의 우주 비행사들이 쓸 수 있는 공간은 나머지 3분의 1밖에 안 돼요. 공간이 이렇게 빠듯하니까 쓰레기가 쉽게 쌓일 수밖에요.

'쓰레기 버리는 날'이면 우주 비행사들은 쓰레기를 봉투에 꽉꽉 눌러 담아요. 이건 우리하고 비슷하지요? 그렇지만 쓰레기봉투를 바깥에 내다 버리는 대신 보급 임무를 맡은 우주선이 도착하기를 기다린답니다. 우주선은 싣고 온 짐을 내린 다음 새로 짐을 싣는데요. 이때 우주 정거장의 쓰레기봉투도 함께 실어요. 쓰레기봉투는 지구 대기

 물품 보급 임무를 통해 우주 정거장에 매년 약 2만 킬로그램의 화물이 배달되어요. 식량과 장비, 의복, 카드, 그리고 편지 등이지요.

데이브 박사님의 우주 생활 _우주선에서 먹을 과일?

내 첫 번째 임무는 우주에서 십육 일간 비행하면서 주로 신경 과학과 관련된 연구를 하는 것이었습니다. 임무를 준비하면서 쓰레기를 처리하고 관리하는 것이 얼마나 중요한지 배웠지요.

우주 비행사들은 정거장에 도착해서 먹을 신선한 과일과 채소를 챙겨 가는데요. 처음에는 오렌지나 바나나가 좋을 것 같았어요. 지휘관 비행사가 우주에서 만든 쓰레기를 지구로 가져가야 한다고 말하기 전까지는요.

으악, 십육 일 동안 묵힌 바나나와 오렌지 껍질의 냄새가 어떨지 상상이 되나요? 한마디로, 최악일 테지요.

엑스퍼디션61 임무의 우주 비행사들이 각종 과일과 특식을 개봉하고 있어요. ⓒNASA

로 재진입할 때 태우기도 하고 지구로 가져가기도 해요.

어쨌거나 이건 지속할 수 없는 방식이에요. 대기권에서 불탄 쓰레기는 환경 문제를 일으킬 거고, 지구로 돌아온 쓰레기는 누군가가 처리해야 하니까요. 그나마 우주 정거장은 지구와 가까워서 보급 우주선이 쓰레기차 역할을 할 수 있지요. 그런데 임무가 달 탐사라면요? 더 먼 미래에 화성 탐사 임무를 수행할 때는요?

행성 사이를 여행하는 작은 우주선은 쓰레기를 계속 싣고 다니지 못해요. 우주 정거장보다 좁아서 여기저기 쓰레기를 쌓아 두면 건강에도 무지 해롭지요. 그렇다고 달에 쓰레기 매립지를 팔 수도 없어요. 다른 행성까지 오염시킬 순 없잖아요.

쓰레기 타일을 아시나요?

각국의 우주 기관들은 쓰레기 문제를 해결하기 위해 2단계 접근법을 연구 중이에요. 1단계는 쓰레기를 덜 만드는 거예요. 우주에서 쓰는 것들은 최대한 재사용하거나 재활용하는 거지요. 2단계는 재활용할 수 없는 쓰레기를 다른 방식으로 활용하도록 새로운 기술을 개발하는 거랍니다. 이런 기술 중의 하나가 미국 항공 우주국의 열 용융 압축기예요.

열 용융 압축기는 먼저 쓰레기를 한쪽 변의 길이가 약 23센티미터인 정사각 '타일'로 압축해요. 쓰레기의 부피를 원래의 약 8분의 1로 줄이는 셈이지요. 그다음에는 이 타일들을 150도로 가열해서 소독해요. 남은 수분을 증발시키고, 유독한 기체는 제거해요. 이 과정에서 나온 물은 우주 정거장에서 사용하기 위해 회수하고요. 유독한 기체들은 우주 공간으로 내보내거나, 우주 정거장의 공기 시스템에서 안전하게 사용할 수 있도록 변환하지요.

쓰레기 타일은 어떻게 되냐고요? 우주 방사선의 차단막으로 써요.

쓰레기를 기체로 바꾼다고?

또 다른 신기술로 오스카가 있어요. 애니메이션 〈세서미 스트리트〉에 나오는, 쓰레기통에 사는 초록색 불만투성이 캐릭터 말고요. 우주 궤도 합성 가스 증폭 원자로(Orbital Syngas/Commodity Augmentation Reactor)를 줄여서 오스카(OSCAR)라고 불러요. (음, 외우기쉽죠?)

오스카의 원자로에서 온갖 우주 쓰레기가 열과 산소, 증기 처리 과정을 거쳐 물과 각종 기체로 변하는데요. 이때 이산화 탄소, 일산화

열 용융 압축기는 미래의 장거리 우주 비행을 위한 쓰레기 처리 시스템이에요. ©Dominic Hart

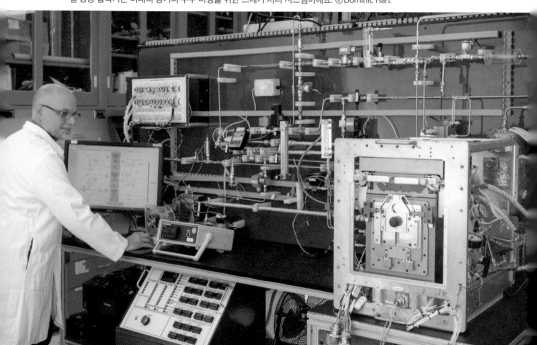

탄소, 수증기, 메테인 등의 '합성 가스'가 나와요. 언젠가는 이 기체들까지 모두 연료로 활용하는 것이 연구진의 바람이지요!

2019년 12월, 선내 실험을 위해 오스카를 민간 우주 개발 업체 블루 오리진의 뉴 셰퍼드호에 실었어요. 뉴 셰퍼드호는 탄도 로켓(우주에는 도달하지만, 우주 정거장과는 달리 지구 궤도에는 진입하지 않는 로켓)이에요. 여기서 진행된 실험에서 오스카가 쓰레기를 기체로 바꾸는 데 성공했답니다. 미국 항공 우주국의 오스카 연구진에게는 최고의 소식이었지요.

미국 항공 우주국은 우주 비행사 네 명이 일 년 동안 달 탐사를 하러 간다면, 약 2,600킬로그램 이상의 폐기물이 생산될 것으로 예상했어요. 오스카 연구진을 이끄는 애니 마이어는 이렇게 말했지요.

"우리는 그걸 수송 폐기물이라고 불러요. 쓰고 난 휴지, 치약, 칫솔모 등 위생용

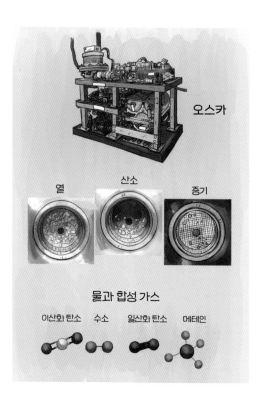

오스카

열   산소   증기

물과 합성 가스

이산화 탄소   수소   일산화 탄소   메테인

품도 있고, 식품 포장재나 의류도 포함해서요. 우주선에는 세탁기가 없으니까요."

마이어와 동료 과학자들은 오스카를 우주 공간에서 사용하는 방법을 연구 중이에요. 아마 지구에도 도움이 되리라고 생각해요. 특히 병원이나 식당, 도시에서 멀리 떨어진 마을 같은 곳이라면 더욱 말이지요.

우주 공간을 떠다니는 고철들

인류가 처음 하늘로 탐사를 나선 1950년대 이후, 세계 각국의 우주 기관들은 수천 개의 로켓과 인공위성을 발사했어요. 지금은 지구 궤도에 약 2천 개의 위성이 돌고 있지요. 그런데 지구의 궤도에는 '죽은' 위성도 3천 개나 있어요. 죽은 위성이란 말 그대로 더는 작동을 안 하는 위성이에요. 한마디로, 우주 고철이지요.

미국 항공 우주국에 따르면, 지구의 궤도에는 야구공보다 조금 큰 파편이 2만 3천 조각, 구슬만 한 파편은 50만 조각, 1밀리미터에도 못 미치는 아주 작은 파편은 1억 조각 이상 돌고 있다고 해요.

그게 다 뭐냐고요? 로켓이 우주에 도달했을 때 떨어진 페인트, 또는 우주 기관들이 파괴하거나 서로 부딪쳐서 생긴 인공위성의 잔해예요. 어떻게 생겨났든 우주 고철은 큰 문제예요. 작동 중인 위성에

부딪칠 수도 있고, 우주에서 진행 중인 연구나 지구의 통신 시스템에 영향을 줄 수도 있거든요.

그 자체로 위험하기도 해요. 2021년 11월, 국제 우주 정거장은 우주 고철을 피해 약 1.2킬로미터 이동해야 했어요. 시속 2만 8,200킬로미터로 날아온 우주 고철이 고작 약 1.6킬로미터 남짓한 간격으로 빗겨 갔거든요. 만약 충돌했다면 우주 정거장에 문제가 생겼을 거고, 우주 비행사들도 위험에 처했겠지요.

세계 곳곳의 기업들이 우주 고철을 청소하는 방법을 찾고 있어요. 일본에서는 자석을 이용해서 우주의 잔해를 끌어당기는 방식을 시험 중이에요. 유럽에서는 스위스의 클리어스페이스가 유럽 우주 기구와 협약을 체결하여, 2025년에 지구 궤도로 쓰레기 수거 우주선을 발사할 계획이에요.

3교시 쓰레기, 에너지로 대변신

우주 정거장의 우주 비행사들, 그리고 그들을 지원하는 여러 우주 기관들과 마찬가지로, 지구에서도 좀 더 지속 가능한 방식으로 쓰레기를 처리하는 방법들을 실험하고 있어요.

압축, 압축, 압축!

세계 곳곳에서는 커다란 쓰레기 더미를 압축해서 작은 더미로 만든 다음 쓰레기통이나 쓰레기 매립지로 보내고 있어요.

영국 런던의 한 가게는 최근 두 종류의 압축기를 사용하기 시작했어요. 하나로는 종이 상자를 압축하고, 다른 하나로는 기타 쓰레기를 압축해요. 압축기를 사용한 뒤로 원래 쓰던 커다란 쓰레기통을 세 개나 치웠다지요.

미국 플로리다주의 콜리어 카운티에서는 해변과 보트 정박지에 태양열로 작동하는 쓰레기 압축기를 스물넉 대나 설치했어요. 쓰레기 압축기의 가장 큰 장점은 기존 쓰레기통보다 다섯 배나 많은 쓰레기를 담는다는 거예요. 그에 못지않은 또 다른 장점은 압축기가 완전히 차단되어서 야생 동물들이 쓰레기에 접근하지 못한다는 거지요.

압축기는 쓰레기가 차지하던 공간을 줄이기는 하지만, 쓰레기의

양을 줄이는 데는 그다지 도움이 되지 않아요. 우리가 만든 쓰레기를 미래 세대에게 떠넘기고 싶지 않다면 쓰레기의 양을 줄이는 방법을 서둘러 찾아야 해요.

매립지에서 에너지를?

캐나다 몬트리올의 에너지 기업 비오모 에네르지의 전력 발전소는 쓰레기 매립지 근처에 있어요. 공원에 가려 보이지 않을 뿐, 쓰레기 더미가 나무와 흙 아래에서 계속 부패하며 메테인을 뿜어내지요.

비오모는 공원에 장비를 설치해서 배출되는 메테인을 모았어요. 그것을 필터로 거른 다음, 발전소의 연료로 사용해 전력을 생산했지요. 이 과정에서 발생하는 열도 알뜰하게 활용했고요. 뜨거워진 공기로 물을 데워서 건너편 건물로 보냈거든요. 서로서로 이익을 얻은 셈이에요.

소똥을 천연가스로!

쓰레기 매립지에서 청정에너지를 만들 수 있다면, 다른 쓰레기로도 가능하지 않을까요? '바이오 가스'는 유기물이 산소가 없는 환경인 혐기성 환경에서 분해될 때 생기는 기체예요. 재생이 가능한 에너지원이지요.

미국 버몬트주 솔즈베리의 굿리치 패밀리 팜에는 미국 북동부 최대 규모의 혐기성 소화조가 있어요. 이 소화조는 소의 배설물과 식품 폐기물을 받아 재생 가능한 천연가스(RNG)를 만들어요. 소의 배설물은 굿리치 낙농장의 소 900마리가, 식품 폐기물은 벤 앤 제리스 아이스크림을 비롯한 지역 기업들이 제공하지요.

소화조는 매일 똥 100톤과 식품 폐기물 180톤을 천연가스로 바꿀 수 있어요. 이 천연가스는 조금 비싸더라도 생산 과정에서 탄소를 덜 내보내는 가스를 원하는 소비자들이 구매해요. 절반 이상은 근처에 있는 미들베리 대학교가 구매하고요. 미들베리 대학교는 더 이상 난방에 화석 연료를 사용하지 않아요.

한편, 지구 다른 편에서는 네팔 사람들이 똥을 잘 활용하고 있어요. 네팔 달라 마을의 지트 바더 타루의 가족은 매일 식사 준비에 장작을 최대 7킬로그램까지 썼었어요. 아내와 딸들은 장작을 모아야 했을 뿐 아니라 환기가 안 되는 부엌에서 음식을 만들어야 했지요. 지금은 메테인 연료로 가족들의 식사를 대부분 준비하고 있어요. 네팔 정부가 지원하는 바이오 가스 사업 덕분이랍니다.

바이오 가스

타루 가족의 집 뒤편에는 커다란 콘크리트 교반조와 옥외 화장실이 있어요. 교반조는 가족이 기르는 버팔로와 소들이 싼 똥과 소변을 모으는 곳이에요. 금속 크랭크로 잘 섞어서 밀폐된 구덩이로 보내지요.

옥외 화장실에서는 가족들의 분뇨가 모여서 중력과 물의 힘으로 역시 구덩이로 가요. 구덩이에서 만난 두 종류의 폐기물은 분해되며 메테인을 뿜어내고, 이 메테인을 파이프를 통해 부엌으로 보내서 부

쓰레기를 찾는 스파이 위성

우주 시대의 신기술은 우리가 쓰레기를 줄이고 재사용하는 데도 활용되지만, 우리가 이미 만들어 낸 쓰레기를 처리하는 데도 도움이 되어요.

영국 플라이마우스 해양 연구소의 해양 위성 전문가 로렌 비어맨과 동료 연구자들은 센티넬-2A호와 센티넬-2B호 위성이 찍은 이미지를 활용해서 브리티시 콜럼비아와 스코틀랜드 해안의 플라스틱 쓰레기 더미를 찾았어요.

플라스틱은 나무나 해초 같은 자연 생물과는 다른 방식으로 빛을 반사하고, 따라서 위성 이미지에 다르게 나타나거든요. 이 센티넬 위성들은 본래 지구 궤도를 돌며 육지 지형을 촬영하기 위해 발사되었지만, 지금은 해양 오염에 관한 귀중한 정보도 제공해 주고 있어요.

©ATG medialab

억 연료로 쓰는 거예요.

네팔의 대체 에너지 홍보 센터는 이미 이십만 건 이상의 바이오 가스 설비 설치를 지원했고, 앞으로 이백만 건을 목표로 하고 있어요. 바이오 가스 사업은 음식을 만들 때 생기는 공기 오염과 함부로 버리는 폐기물 때문에 생기는 수질 오염이 심각한 다른 국가들에서도 진행 중이에요.

체험활동 우주 비행사처럼 생각하기

우리가 사는 곳에 쓰레기를 둘 데가 거의 없다고 상상해 보세요. 가능한 한 소비를 줄이고 물건을 재사용해야 하지요. 어떤 방법들이 있는지 함께 살펴볼까요?

퇴비 만들기

퇴비를 만드는 건 식재료에서 안 먹는 부분을 재사용하는 방법이에요! 매년 10억 톤 이상의 음식이 낭비되고 있어요. 우리가 장을 너무 많이 보거나, 음식을 너무 많이 만들거나, 음식을 너무 많이 남기기 때문이에요. 또, 식재료에서 안 먹는 부분(씨앗이나 뿌리, 뼈, 껍질 등)을 퇴비용으로 분류하지 않고 쓰레기통에 마구 버리기 때문이기도 해요.

여러분이 사는 지역에서는 발효해서 퇴비로 만들 수 있는 식품 폐기물을 따로 수거하나요? 수거한다면 집에 전용 쓰레기통을 만들어 두어요. 마당이 있다면 직접 퇴비를 만들어 봐도 좋겠지요.

재활용 방법 공부하기

요구르트 병은 일반 쓰레기로 버려야 할까요, 아니면 재활용해야 할까요? 다 마신 주스 팩은요? 초콜릿 포장지는요? 어떤 쓰레기를 재활용하고 어떤 쓰레기를 그냥 버려야 할지 헷갈리나요?

우리는 많은 양의 쓰레기가 그냥 버려진다는 걸 알고 있어요. 각자 사는 지역의 정책을 확인해서 가족들이 재활용을 더 잘하도록 알아보도록 해요. 쓰레기를 어떻게 분류해야 하는지 제대로 알고싶다면 지자체 홈페이지에 들어가 보세요.

업사이클링에 도전하기

물건을 쓰레기통이나 재활용 수거함에 무심코 버리기 전에 다시 한번 자세히 살펴보아요. 다른 용도로 쓸 수 있을지도 모르잖아요. 다 쓴 물건을 새로운 가치가 있는 다른 물건으로 만든다면, 그게 바로 '업사이클링'이에요.

업사이클링 방법은 무궁무진해요. 깡통을 깨끗이 씻어서 색칠을 하면 연필꽂이로 만들 수 있어요. 플라스틱 통을 모아서 연결하면 새 모이통이 될 수 있고요. 낡은 스웨터는 모자나 엄지장갑으로 변신할 수 있지요.

안 쓰는 물건 기부하기

전에는 즐겨 입었지만 이제는 맞지 않는 티셔츠를 하나쯤 가지고 있지 않나요? 아직 말짱하다면 헌 옷을 기증받는 구호 단체에 기부해 봐요. 앗, 티셔츠에서 끝내지 마세요! 쓰지 않는 운동 기구나 더는 가지고 놀지 않는 게임기도 기부할 수 있어요. 여러분이 버리려고 했던 물건이 누군가에게는 소중히 쓰일 수도 있거든요.

쓰레기 없는 수요일

쓰레기 없는 수요일을 한번 만들어 보면 어떨까요? 일주일에서 하루를 골라서 그날만은 쓰레기를 하나도 만들지 않는 거예요.

그날 하루는 일회용 물건을 하나도 사용하지 않는 거지요. 뭔가를

사 먹을 때 재활용이 가능한 용기에 담긴 것들만 주문하는 거예요. 음식을 남기지 않고 마저 먹고, 물이나 주스도 남김없이 마셔야 해요. 빨대나 냅킨 같은 일회용품은 쓰지 않고요.

©Shutterstock

　겨우 하루 그렇게 한다고 뭐가 달라지겠냐고요? 만약 쓰레기 없는 요일 '챌린지'에 1천 명이 동참한다면, 그날 하루 생겼을 쓰레기 2천 킬로그램을 줄일 수 있어요! 친구들에게도 같이하자고 해 볼래요?

데이브 박사님의 실험 교실 _걸이 화분 만들기

쓰레기 줄이기에 진심이라면, 물건을 사면서 나중에 어떻게 재활용할지 계획을 세워야 합니다. 만약 이 티셔츠가, 장난감이, 스마트폰이 필요 없어진다면 어떻게 할까? 재활용할까, 아니면 기부할까? 그것도 아니면 다른 용도로 쓸 수 있을까?

친구들과 함께 2리터짜리 페트병으로 새로운 것을 만드는 챌린지에 나서봅시다. 페트병을 반으로 자른 다음 뚜껑을 제거합니다. 위쪽을 뒤집어서 아래쪽에 넣어요.

아래쪽에는 물을 채우고 위쪽에는 흙을 채운 다음, 3장의 실험에서 싹 틔운 씨앗들을 심어 화분으로 활용해 봅시다. 줄을 달면 걸이 화분으로 쓸 수도 있어요.

또 어떤 걸 만들 수 있을까요?

5

기후 위기의 주범, 화석 연료

1교시 가장 중요하고 위험한 에너지원

지금까지 몇 가지 중요한 과제를 살펴보았어요. 우리는 물과 공기를 깨끗하게 지켜야 해요. 늘어나는 인구가 먹을 식량을 확보해야 하고요. 쓰레기도 과감히 줄여야 하지요. 어느 것 할 것 없이 모두 다 중요해요. 지구에서 계속 살아가기 위해서도, 우주에서 계속 살아가기 위해서도요.

그런데 서로 전혀 달라 보이는 이 과제들에 한 가지 공통점이 있어요. 바로 우리가 화석 연료를 너무 많이 쓴다는 거예요. 우리는 화석 연료가 환경에 끼치는 피해를 오랫동안 알지 못했어요. 그렇지만 지금은 알고 있잖아요. 이제부터라도 더 나은 에너지원을 찾아야 해요.

사실 우리는 화석 연료 없이 살 수가 없어요. 지난 백 년 사이에(지구 행성의 역사에서는 눈 깜짝할 시간이죠.) 아주 많은 일을 화석 연료를 써서 해 왔으니까요. 차를 움직일 때도, 집에서 전기를 쓸 때도, 심지어 물건을 만들 때도 화석 연료가 빠지지 않고 쓰여요.

그만큼 화석 연료가 없는 세상은 상상조차 하기 어려워요. 그런데…… 그런 화석 연료에 여러 가지 단점이 있어요. 화석 연료는 식물과 동물의 잔해가 분해된 뒤 굳어져서 만들어져요. (아주 오래전에 살았던 식물과 동물을 말하는 거예요. 수백만 년도 더 전에요.) 그래서 땅속 깊이 묻혀 있지요.

석유나 천연가스를 빼내기 위해서는 암석에 물이나 모래, 화학 약품 등을 넣어서 깨뜨려야 하는데요. 이 과정은 환경에 해로운 것뿐 아니라 사람도 위험에 빠뜨릴 수 있답니다. 2021년에 일어난 러시아 석탄 광산 폭발 사고에서 광부 마흔여섯 명과 구조대원 여섯 명이 목숨을 잃었어요.

화석 연료에는 탄소와 수소가 들어 있어요. 연료를 태우면 이 성분이 산화하면서 에너지를 만들지요. 그런데 문제는 연료가 탈 때

화석 연료 중에서 석탄이 환경 오염을 가장 많이 일으켜요. ⓒUnsplash

공기 중으로 이산화 탄소를 비롯한 여러 온실가스를 뿜어낸다는 거예요. 지난 이십 년 동안 인간의 활동으로 배출된 배기가스의 75퍼센트가량이 화석 연료에서 나온 거라면 얼마나 심각한지 알겠나요? 그래서 화석 연료가 지구 온난화와 기후 변화 현상의 주범이 된 거랍니다.

그런 데다 화석 연료는 모든 국가에 골고루 묻혀 있지 않아요. 중국이나 미국 같은 국가에는 석탄이 아주 많이 묻혀 있어요. 사우디아라비아나 캐나다에서는 석유가 많이 나고요.

화석 연료가 나는 국가에서 다른 나라로 운반하려면 비용이 많이 들어요. 운반 중에도 배기가스가 나오고요. 만약 석유가 필요한 나라가 석유가 나는 국가와 사이가 좋지 않다면 어떻게 될까요? 정치적인 이해관계에 따라 연료 가격이 올라갈 수도 있어요.

이처럼 화석 연료는 채굴하기가 힘든 데다 환경을 오염시키고, 값이 너무 비싸요. 우리가 화석 연료에 의존해서 생기는 나쁜 점은 또 있어요. 재생 가능한 에너지원이 아니라는 거예요. 한 번 쓰고 나면 그걸로 끝이에요. 우리가 지금처럼 마구 쓴다면 화석 연료가 얼마나 버틸지 아무도 몰라요. 석유를 오십 년 이상 쓸 수 있다고 하는 사람도 있고, 삼십 년밖에 못 쓴다고 하는 사람도 있어요. 흔히들 석탄은

숫자로 알아보는 에너지 현황

- **중국**의 이산화 탄소 배출량이 가장 많아요. 2021년에 전 세계 이산화 탄소 배출량의 33퍼센트를 차지했어요. 미국이 13퍼센트로 그다음이고요. 세 번째는 7퍼센트를 배출한 인도랍니다.
- **2019년** 전 세계 에너지 구성을 살펴보면 33퍼센트가 석유에서, 27퍼센트가 석탄에서, 24퍼센트가 천연가스에서 왔어요.
- **21퍼센트의 인구**가 전력을 공급받지 못해요.
- **풍력 발전 터빈 하나**로 주택 300호에 에너지를 공급할 수 있어요.
- **노르웨이, 브라질, 뉴질랜드**는 재생 가능한 에너지를 많이 사용하는 국가들이에요. 노르웨이는 전체 에너지의 45퍼센트를 수력 발전에서 얻어요. 브라질은 에너지의 32퍼센트를 바이오 연료와 폐기물 에너지로 공급해요. 뉴질랜드는 필요한 에너지의 25퍼센트를 풍력 에너지와 태양 에너지를 써서 얻어요.

칠십 년에서 백오십 년 사이라고 하지요.

그렇지만 화석 연료가 얼마나 갈지 정확하게 맞히는 것은 하나도 중요하지 않아요. 진짜로 중요한 것은, 우리가 이런 식으로 계속 쓴다면 끝나는 것이 화석 연료만이 아니라 우리가 가진 모든 것과 지구의 미래라는 사실이에요.

재생 에너지야, 반가워

지구에서의 삶과 작별하고 싶지 않다면 화석 연료의 대안을 찾아야 해요. 재생 가능한 에너지원이 그 해답이 될 수 있어요. 화석 연료와 달리, 재생 에너지는 고갈되지 않거든요.

먼저 태양이 있어요. 태양 전지판으로 태양의 에너지를 모은 다음 열을 생산하거나 전기 에너지로 바꿀 수 있어요. 바람도 중요한 에너지원이지요. 풍력 터빈으로 바람이 불면서 만드는 에너지를 붙잡아서 전기 에너지로 전환해요. 그리고 물이 있어요. 수력 터빈으로 댐이나 폭포에서 흐르는 물의 에너지를 붙잡아 전기 에너지로 바꾸어요.

뉴질랜드 남섬 마운트 어스파이어링 국립 공원 비탈에 설치된 태양광 발전 전지판 ⓒDreamstime.com

또, 지구 중심에서 나오는 뜨거운 물이나 증기에서 열을 공급받을 수 있어요. 지열을 사용해 전기 에너지를 생산할 수도 있고요. 바이오매스를 에너지원으로 사용하기도 해요. 목재, 가축의 분뇨, 쓰레기, 식품 폐기물 등의 식물성과 동물성 물질을 태워서 에너지를 만들거나 액체 형태의 '바이오 연료'로 전환해요.

아, 이렇게 물을지도 모르겠네요.

"그러면 뭐가 문제죠? 앞으로는 재생 가능한 에너지원을 쓰면 되잖아요?"

음, 이게 생각만큼 간단하지가 않아요. 재생 에너지는 말 그대로 재생이 가능해요. 그게 큰 장점이지요. 그런데 굉장히 비싸요. 필요한 시간에 필요한 곳에서 구하기가 어렵고요.

햇살이 나지 않는다면 태양 에너지를 얻을 수 없겠지요? 바람이 잔잔할 때는 풍력 에너지를 쓸 수 없고요. 댐을 새로 건설하느라 땅을 파헤치고 주민을 강제로 이주시켜야 한다면 수력 발전도 쉽지 않아요. 게다가 에너지를 저장하기도 어렵답니다.

넘어야 할 산들이 우리 앞에 많이 놓여 있다고 해도, 재생 에너지가 지속 가능한 미래를 가능하게 할 최선의 희망이라는 점에는 변함이 없어요. 그렇다면 다시 한번, 고개를 들어 우주를 볼까요? 저 높디높은 산을 넘을 새로운 아이디어를 찾아서요.

2교시 태양으로 무한 에너지 만들기

지구에서 화석 연료를 쓰는 건 분명히 큰 문제예요. 그런데 국제 우주 정거장에는 그마저도 아예 없어요. 새로운 에너지원을 찾는 일

 앞으로 몇 년에 걸쳐 새로운 태양 전지판 6개가 스페이스X의 우주 화물선 3대에 실려 국제 우주 정거장에 도착할 거예요. 새로운 태양 전지판들은 기존 전지판에 더해져서 에너지 발전량을 215킬로와트로 끌어올릴 예정이에요.

이라면, 우주 비행사들에게 멋진 아이디어가 있을 거예요.

태양 + 전지 = 무한 에너지

국제 우주 정거장은 지구의 집들과 달라요. 그렇지만 어떤 면에서는 아주 비슷하지요. 예를 들어, 우주 정거장은 대부분 전기로 작동해요. 공기를 순환시키는 환기팬도 우주선의 안과 밖을 밝히는 조명도 모두 전기가 있어야 하거든요. 화장실이나 컴퓨터 및 각종 조절 시스템과 자동화 시스템, 운동 기구까지 모두 전기로 작동하고요. 플러그를 꽂을 전력망이 없는데, 전기를 어디에서 가져오는 걸까요?

여기에 절로 감탄이 비어져 나오는 사실이 있어요. 우주 정거장은 에너지를 100퍼센트 모두 태양에서 얻는답니다. 어떻게 그럴 수 있냐고요? 국제 우주 정거장에는 대형 태양 전지판이 총 16개 있어요. 우주 비행사들이 생활하고 연구하는 모듈들을 지지하는 주 트러스(직선으로 된 여러 개의 뼈대 재료를 삼각형이나 오각형으로 얽어 짜서 지붕이나 교량 따위의 도리로 쓰는 구조물)에서 한쪽에 8개씩 양편으로 뻗어 있지요.

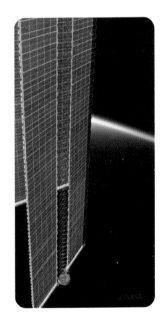

우주 정거장이 구십 분마다 지구 궤도를 한 바퀴 도니까 태양 전지판들은 태양 빛을 최대한 많이 받을 수 있도록 각도를 계속 바꾸어요. 거대한 관절이라고 할 수 있는 태양광 알파 회전 조인트(SARJ, Solar Alpha Rotary Joint)가 전지판을 회전시키거든요.

태양 전지판들은 태양 빛을 받아들여서 궤도의 낮 시간인 사십오 분 동안 전력을 84킬로와트에서 최대 120킬로와트 생산해요. 주택 40호에 공급할 수 있는 양이지요. 이 전기는 곧 우주 정거장 트러스에 달린 대형 전지들로 보내져요. 태양에서 얻은 에너지를 전지에 저장해 두고서, 우주 정거장은 끊기는 일 없이 전기를 공급받아요.

💡 우주에서 전지 교체하기

모든 전지는 시간이 지나면 교체해야 해요. 여러분도 집에서 텔레비전 리모컨이나 장난감의 건전지를 교체해 보았을 거예요. 그런데 우주 정거장에서 전지를 교체하는 일은 그렇게 간단하지 않아요. 연구와 계획과 훈련이 몇 년이나 이어지고, 우주 비행사들이 우주 유영 임무를 14차례나 나섰답니다.

기존의 니켈 수소 전지를 새로운 리튬 이온 전지로 교체하는 작업은 2016년에 시작해서 2020년에야 마무리되었어요. 새로운 전지 여섯 개는 앞으로 십 년간 쓸 예정이에요.

©NASA

능동형 열 제어 시스템

우리에게 전력을 공급하는 에너지원이 태양이라면, 모든 것이 점점 뜨거워지는 게 아닐까요? 사실 전기로 움직이는 것들은 에너지가 어디에서 왔든 대부분 작동 과정에서 열이 발생해요.

집에서는 사실 열의 변화가 그리 크게 느껴지지 않아요. 일단 수없이 많은 과학 연구 장비를 집에서 가동하지 않잖아요. 수시로 창문을 열어 시원한 공기를 집 안으로 들일 수 있고요. 바깥 기온이 뚝 떨어지면 보일러와 다른 난방 기구를 켜서 실내 온도를 높일 수도 있지요.

그런데 우주 공간에서는 온도를 조절하는 일이 그렇게 쉽지 않아요. 우주 정거장 내부의 온도는 햇빛이 있는 영역에서는 121도까지 치솟았다가, 어두운 영역으로 들어서면 영하 157도로 곤두박질치거든요. 다 알다시피 사람이 생활하고 일하기 좋은 온도는 22도 안팎이잖아요. 그렇다면 필요할 때는 열을 붙들었다가 필요하지 않을 때는 제거하는 시스템을 만들 수밖에요.

그래서 능동형 열 제어 시스템(ATCS, Active Thermal Control System)이 등장해요. 우주 정거장의 선내 환경에 단열재를 적절히 적용한 이 시스템 덕에 우주 정거장은 너무 덥지도 춥지도 않게 잘 유지되고 있어요.

단열재가 뭐냐고요? 아마 집이나 리모델링 업체 같은 곳에서 본 적이 있을 거예요. 건물의 내벽과 외벽 사이에 넣는 건축 자재인데요. 질감이 푹신해요. 열이 이동하는 걸 늦추는 역할을 해요.

우주 정거장의 단열재도 역할이 비슷해요. 주된 역할은 정거장 내의 각종 기기와 장비들이 발생시키는 열이 정거장 밖으로 빠져나가지 못하게 막는 거거든요. 동시에 바깥의 차가운 냉기가 정거장 안으로 들어오지 못하게도 하고요. 아, 참! 우주의 단열재는 해로운 태양 복사로부터 우주 비행사들을 지키는 역할까지 해야 해요.

능동형 열 제어 시스템은 우주 정거장이 지나치게 더워지는 걸 막기 위해 각종 장비가 뿜어내는 열을 수랭식 냉각판으로 이동시켜요. 이는 전도 현상을 통해서 이루어지지요.

전도 현상이 뭐냐고요? 얼음을 손으로 쥐었다고 생각해 보세요. 얼음이 서서히 녹겠지요? 손의 열이 얼음으로 이동(전도)했기 때문이에요. 그래서 손은 차가워지잖아요.

우주 정거장에서도 같은 일이 일어나요. 먼저, 장비와 설비에서

데이브 박사님의 우주 생활 _아주 위험한 작업

내 첫 우주 유영 임무는 동료 우주 비행사 릭 마스트라치오와 함께 정거장의 긴 트러스에 새 골조를 설치하는 일이었습니다. 트러스에는 태양 전지판들과 다른 장비들이 작동 중이었어요. 나는 태양 전지판 중 하나와 아주 가까운 데서 작업하고 있었기 때문에 전지판을 건드리지 않도록 특별히 주의해야 했지요. 감전될 위험성이 있으니까요.

몇 달 뒤인 2007년 10월, 우주 비행사들은 태양 전지판 중 하나가 76센티미터 길이로 뜯겨 나간 것을 발견했습니다. 우주 비행사 스콧 파라진스키가 우주 유영을 해서 성공적으로 수리했지요.

매우 위험한 작업이었어요. 스콧이 우주 유영에 나서기 전에, 동료 우주 비행사 파올로 네스폴리가 주의 사항 목록을 함께 검토했다고 합니다. 목록에는 안전을 위해 스콧이 건드려선 안 될 것들이 적혀 있었다고 해요. 날카로운 모서리, 태양광 전지, 스콧의 우주복이 걸릴 수 있는 연결 부위들……

©NASA

스콧은 목록의 절반까지 왔을 때 파올로에게 이렇게 말했습니다.

"건드릴 수 있는 게 남아나지 않을 것 같은데."

훗날, 스콧은 불꽃을 보지 못해서 다행이었다고 너스레를 떨더군요!

나온 열이 냉각판의 물로 전도되어요. 이걸로 장비의 과열을 막는 거예요. 데워진 냉각판의 물은 열 교환기로 가요. 그다음에는 우주 정거장 외부에서 방열기로 순환하는 암모니아수 냉각 회로를 타고 이동하지요. 물이 어는 것을 방지하기 위해서 암모니아를 사용해요.

방열판에 도착한 열은 드디어 진공 상태의 우주 공간으로 방출된답니다. 잘 가, 자투리 열들아!

⭐ 3교시 재생 에너지로의 도약

우리가 화석 연료에 대한 의존을 끊는다면 지속 가능한 삶을 향한 큰 도약이 될 거예요. 자동차에든 공장에든 냉난방 시스템에든 말이에요. 전 세계가 이 목표를 달성하는 일에 점점 더 진심을 더해 가고 있어요. 재생 에너지 프로젝트들이 논의되고 있으며, 여기에는 우주 정거장에서 사용 중인 기술들이 많이 활용되고 있지요.

태양의 힘 활용하기

우리는 아주 오래전부터 태양의 힘을 알고 있었어요. 얼마나 오래 전부터냐 하면, 까마득한 옛날인 기원전 7세기에 우리의 선조들은 불을 피우기 위해 태양 빛을 사용했으니까요. 그 후로 태양 에너지는 엄청나게 발전해 왔어요.

최근 들어 아마존, 월마트, 이케아 등의 기업이 태양 에너지로 매장에 전력을 공급하기 위해 태양 전지판 설치에 투자하고 있어요. 2015년에는 인도의 코친 국제공항이 세계 최초로 태양 에너지로만 공항을 가동하기 시작했고요. 이듬해에는 공항뿐 아니라 도시의 전력망에 이바지하게 되었어요. 전기 요금을 엄청 아끼게 되었으니까요.

세계 최대의 이산화 탄소 배출국인 중국도 개선을 위해 노력 중이에요. 2021년 기준, 중국은 세계에서 가장 많이 태양 에너지를 생산할 수 있는 능력을 가진 국가예요. 무려 30만 6천 메가와트를 생산할 수 있지요. 머지않아 중국은 태양 에너지를 석탄 에너지와 같은 가격으로 공급할 수 있을지도 몰라요.

 만약 우리가 태양 전지판 등을 이용해서 태양 빛을 하나도 남김없이 사용할 수 있다면, 단 한 시간의 태양 빛으로 지구 전체에 일 년 내내 공급할 전력을 생산할 수 있어요.

이렇게 많은 국가가 이산화 탄소 배출량을 줄이고 청정에너지로 대체하려고 노력하고 있어요. 실제로 세계 곳곳에 태양 에너지 발전소가 건설 중이랍니다. 현재 세계 최대 규모의 발전소는 모로코의 누르 와르자자트 태양 에너지 발전 단지예요. 우리나라 여의도의 열 배에 해당한다지요. 이 발전 단지에서는 580메가와트의 전력을 생산하는데, 약 100만 명에게 공급할 수 있는 전력이에요.

재생 에너지 저장하기

재생 에너지원을 활용하는 데 가장 어려운 점은 어떻게 에너지를 생산하느냐가 아니라 어떻게 저장하느냐랍니다. 현재 가장 유력한 후보는 리튬 이온 전지예요. 그런데 빌 게이츠가 이런 말을 했지요.

"집 안의 전자 기기를 일주일 동안 사용할 전력을 저장하려면 초대형 전지가 필요합니다. 전기 요금도 세 배로 뛸 거고요."

리튬 이온 전지에는 다른 문제도 있어요. 전지를 만들 때 쓰이는 코발트와 리튬을 채굴하는 데 에너지가 무지 많이 들거든요. 이산화 탄소도 많이 배출하고요. 더구나 광산에서 일하는 광부들이 위험해질 수 있어요. 광부 중에는 어린아이들도 있고요.

이런 점들 때문에 사람들은 더 좋은 방식을 찾으려 애쓰고 있어요. 양수 발전을 활용하여 저장하는 방식이 또 다른 유력 후보예요.

양수 발전은 1920년대부터 있던 기술인데요. 많이 생산되어 남는 전력으로 물을 고지대의 저수지로 퍼 올려요. 그러다가 태양 에너지나 풍력 에너지가 생산되지 않는 시간대가 되면 그 물로 터빈을 돌려서 전력을 생산하는 거지요. 캐나다의 퀘벡과 온타리오 주정부는 청정에너지 사용을 확대하기 위해 이 기술에 적극 투자하고 있어요.

중력을 이용해서 저장하는 방식도 있어요. 원리는 양수 발전 저장법과 비슷하지만, 남는 전력으로 물을 길어 올리는 대신 밧줄과 도르래를 이용해 바위나 벽돌처럼 무거운 물체를 들어 올리는 거예요. 그러다 전력이 필요할 때 물체를 떨어뜨리는 거지요. 그러면 발전기가 물체의 낙하 에너지를 이용해서 전력을 생산해요.

작지만 강력한 태양 전지판

우주선 개발을 위해 진행된 연구에 힘입어 현재 태양 전지판의 성능은 무척 뛰어나요. 덕분에 청정에너지를 사용하고자 하는 주택 소유주들에게도 인기를 끌고 있답니다. 신형 태양 전지판의 크기는 점점 작아지면서 성능은 개선되고 있어서, 엔지니어들은 태양 에너지로 작동하는 자동차와 비행기도 개발 중이에요. 심지어 평소에는 배낭에 매달고 다니다가 필요할 때에 스마트폰을 충전할 수 있는 휴대용 태양 전지판도 나왔답니다!

©Dreamstime.com

스위스와 스코틀랜드의 여러 기업이 이 중력 저장법을 실험하고 있어요. 머지않아 다른 기업들도 합류할 거예요.

우리가 재생 에너지 발전소와 재생 에너지를 저장할 설비를 지을 수 있다면, 다른 것도 더 나은 방향으로 지을 수 있지 않을까요? 재생 에너지에 우주 정거장의 효율적인 냉난방 시스템 방식을 결합하자 감탄이 절로 나오는 결과물이 탄생했어요.

스마트 하우스

이탈리아 사우스 티롤에는 건축가 아르투르 피클레르가 지은 이탈리아 최초 '패시브 하우스'가 있는데요. 알프스 고지대에 있는 이 3층 저택에는 중앙난방 장치가 없어요. 필요한 열을 모두 태양에서 받아들여 저장하고, 기온이 내려가도 첨단 단열재 덕에 열이 바깥으로 빠져나가지 않거든요. 이 단열재는 더운 여름이 돌아오면 실내를 시원하게 유지하는 데도 도움을 주지요. 주택에는 침실과 화장실에만 문이 있는데, 이런 개방형 설계도 내부의 열이 골고루 순환하는 데 한몫 거들고 있답니다.

그렇다면 완전한 에너지 스마트 하우스를 지을 수는 없을까요? 물론 지을 수 있어요. '스마트 하우스' 기술을 활용하면 집에서 쓰는 에너지를 절약할 수 있거든요. 스마트 온도 조절기는 냉방과 난방을

각자의 필요에 맞게 설정할 수 있어요.

가족들이 모두 두꺼운 이불을 덮고 잔다고요? 난방 온도를 약하게 설정할 수 있답니다. 주말에 여행을 간다고요? 문제없어요. 집으로 돌아오는 날 난방이 켜지도록 설정하면 되니까요. 스마트 조명은 앱으로 끄고 켤 수도 있으니, 깜박 잊고 불을 켜 둔 채 나왔다는 변명은 더 이상 안 통해요.

그리고 스마트 플러그가 집 안의 텔레비전이나 컴퓨터와 같은 전자 기기가 에너지를 얼마나 쓰고 있는지 관리해 주어요. 더 많이 알수록 더 스마트하게 에너지를 절약할 수 있지요.

스마트 빌딩

주택과 마찬가지로 빌딩도 에너지 효율성을 우선순위에 두고 설계할 수 있어요. 낮 평균 기온이 33도에 달하는 나이지리아 남서부의 오바페미 아올로워 대학교는 학교 건물을 학생과 교직원이 쾌적하게 지낼 수 있도록 설계했어요. 대학 캠퍼스에 탁 트인 중정과 정원을 많이 배치해 바람이 잘 통하도록 했지요. 이 간단한 아이디어로 강의실 내부의 온도는 바깥 기온보다 7도 낮게 유지되고 있답니다.

한편, 지구 다른 편에서는 미국 워싱턴주 시애틀의 불릿 센터가 지속 가능한 건물의 수준을 한 단계 끌어올렸어요. 이 '세계에서 가

나이지리아 일레이페의 오바페미 아올로워 대학교 ⓒShutterstock

장 친환경적인 상업 건물'은 수명이 대부분의 건물보다 여섯 배 긴 250년으로 설계되었어요.

건물 내에서 빗물을 모아 처리할 수 있고, 중수도 설비가 있으며, 배설물을 자연 분해하여 처리하는 화장실을 써요. 태양 전지판을 갖추고 있으며, 지열로 물을 데워 난방에 이용하고, 열 회수 환기 장치를 통해 공기를 바깥으로 내보내고, 신선한 공기를 들여오면서 열을 잃지 않아요. 이렇게 많은 에너지 기술이 적용되어 있으니, 불릿 센터가 필요한 에너지를 모두 자체 생산한다는 것도 놀랍지 않지요.

스마트 시티

에너지를 더 효율적으로 쓰기 위해, 도시 전체를 스마트하게 만들 수도 있어요. 독일의 프랑크푸르트는 2050년까지 도시의 기후 중립화를 목표로 하고 있어요. 도시가 배출하는 온실가스의 양이 지구가 자연적으로 제거할 수 있는 양보다 많지 않게 하겠다는 뜻이에요.

프랑크푸르트는 전문가들에게 도움을 구하여 목표를 달성할 방법들을 고안하고 있어요. 주택과 건물의 난방에 태양 전지판, 바이오매스 연료, 지열 에너지를 모두 동원해서 도시 전력망의 부담을 덜계획이에요.

프랑크푸르트만이 아니에요. 스마트 시티 옵저버토리는 매년 스

싱가포르 가든스 바이 더 베이의 슈퍼트리 ⓒDreamstime.com

마트 시티 지수(SCI, Smart City Index)를 발표해요. 2021년, 싱가포르가 삼 년 연속 선두 자리를 지켰어요. 정부는 싱가포르를 '정원 속의 도시'로 만들기 위해 노력하고 있어요.

최근에는 인공 '슈퍼트리'들이 늘어선 태양광 정원을 건설했는데요. 하늘을 향해 50미터 높이로 뻗은 슈퍼트리들은 태양광을 모으고, 인근 건물의 환기팬 역할을 할 뿐 아니라 빗물을 모아 가두어요.

스마트 시티 2위와 3위는 각각 취리히와 오슬로가 차지했어요. 두 도시 모두 건설 교통 사업에 에너지 효율을 우선순위로 두었고, 재활용 부문에서 최고 수준을 자랑하거든요.

체험 활동 우주 비행사처럼 생각하기

여러분이 전력을 생산하기 위해 직접 우주 정거장 수준의 태양 전지판을 건설할 수는 없을 거예요. 사실 지붕에 태양 전지판을 설치하자고 부모님을 설득하기도 쉽지 않을지 몰라요. 그렇지만 전기를 절약할 수는 있지요. 화석 연료를 덜 쓸 수도 있고요. 방법은 여러 가지예요.

불 끄기

전기 사용량을 줄이는 것이 곧 화석 연료 사용량을 줄이는 길이에요. 집에서 할 수 있는 간단한 방법은 바로 안 쓰는 불을 끄는 거예요. 다른 전구를 쓰고 있다면, 부모님께 집안의 전구를 에너지 효율이 높은 LED 전구로 바꾸자고 제안해 보세요. 물론 부모님들도 안 쓰는 불을 꺼야 하겠지요.

미국 뉴욕주 이타카의 코넬 대학교에서 계산해 보니, 학생과 교직원에게 안 쓰는 불을 끄라고 요청한 것만으로 한 해에 6만 달러를 절약할 수 있었대요.

플러그 뽑기

불을 끄는 것으로 끝나면 안 돼요! 집에 쓰지 않고 있는데도 플러그가 꽂혀 있는 전자 기기들은 없는지 생각해 보세요. 텔레비전, 컴퓨터, 게임기, 충전기, 가전제품……. 전자 기기는 전원이 꺼져 있어도 전기를 쓴다는 사실을 알고 있나요?

이렇게 낭비되는 '유령 전기'의 가격을 모두 합하면 매년 각 가정당 약 165달러라고 해요. 미국

한 나라에서만 1,900만 달러(약 265억 8,100만 원)에 달하지요. 게다가 지구의 대기로 이산화 탄소를 약 4,800만 톤이나 내보내기까지 해요. 그러니까 쓰지 않을 때는 제품의 플러그를 뽑으세요!

플라스틱 안 쓰기

냅킨, 빨대, 플라스틱 생수병과 같은 일회용 종이 제품과 플라스틱 제품에 작별을 고하고, 그 대신에 행주와 금속 빨대, 물병을 사용하세요.

플라스틱 물병 재료인 플라스틱을 단 1킬로그램 생산할 때 이산화 탄소가 3킬로그램 만들어질 수 있어요. 별로 많지 않은 양 같다면, 이걸 기억하도록 해요. 플라스틱 물병은 전 세계에서 일 분마다 100만 개씩 팔리고 있어요.

고기 없는 월요일

매주 고기 없는 월요일을 실천하면 매년 자동차로 560킬로미터를 이동할 때 배출하는 배기가스를 줄이는 것과 같은 효과를 낼 수 있어요. 만약 전 세계 인구가 고기를 15퍼센트씩 덜 먹는다면, 매년 2억 4천만 대의 자동차가 도로에서 사라지는 것과 같은 효과가 날 거예요.

헌 운동화 신기

매년 생산되는 신발이 약 240억 켤레에 가깝다는 사실을 아나요? 그중 대부분이 운동화란 것도요? 운동화 생산은 매년 온실가스 배출량의 1.4퍼센트를 차지해요! 새 운동화가 필요한 것 같다면 다시 생각해 보세요.

신발장에 넣어 두었던 운동화를 깨끗하게 빤 다음 그걸 신고 걸어서 등교하는 거 어때요? 지구가 에너지를 아낄 수 있도록 두 가지 방법으로 돕는 셈이에요!

데이브 박사님의 실험 교실 _태양광 타워 만들기

우주 정거장은 에너지를 모두 태양에서 얻고, 지구에서도 태양은 전력과 열을 생산합니다. 이번 실험에서는 직접 태양광 타워를 만들어서 태양의 에너지가 어떤 방식으로 일을 하는지 더 알아봅시다.

준비물 깨끗하게 씻은 통조림 캔 3개 | 통조림 따개 | 테이프 | 가위 | 종이 빨대 | 두꺼운 하드커버 책 2권 | 정사각형 종이 | 딱풀 | 압핀

실험 과정

1
통조림 따개로 깨끗하게 씻은 통조림의 밑면을 제거합니다.

2
테이프로 통조림 캔 3개를 위아래로 길게 연결해서 타워를 만듭니다.

3
책을 옆으로 나란히 놓고, 손가락 세 개 정도의 간격을 둔 뒤, 그 위에 타워를 올려놓습니다.

4
종이의 네 모서리 끝에서 중심을 이은 선의 절반까지 자른 다음, 종이 가운데에 딱풀을 발라 바람개비를 만듭니다.

5

압핀을 바람개비 가운데에 꽂은 다음
종이 빨대 가운데 지점에 연결합니다.
바람개비가 캔의 가운데에 오도록 종
이 빨대를 통조림 윗면에 걸칩니다.

6

종이 빨대의 양 끝을 아래로 접어서
테이프로 타워에 고정합니다. 통조림
타워와 나무토막 받침대를 햇살이 밝
게 들어오는 창문 앞으로 옮깁니다.

태양이 타워를 데우면 어떤 일이 벌어질까요? 바람개비가 천천히 돌아가
기 시작할 겁니다! 타워 안의 공기가 태양의 빛을 받아 데워지면서 위로 상
승하여 바람개비를 돌리는 것이지요.

이 타워를 상승 기류 타워라고 하는데요. 타워는 내부의 따뜻한 공기가 상
승하고 나면 아래에서 시원한 공기를 빨아들입니다. 캔을 데울 태양 빛만 계
속 비춘다면, 바람개비는 멈추지 않고 돌아갑니다.

지속 가능성의 미래

　지구는 국제 우주 정거장에 비하면 훨씬 큽니다. 그렇지만 이 책을 읽은 여러분은 이미 알고 있듯, 지구에 사는 인류와 우주 정거장에 사는 우주 비행사에게는 여러 가지 중요한 공통점이 있어요. 우리에게도, 우주 비행사들에게도 앞으로의 삶이 환경을 얼마나 소중히 지키느냐에 달렸다는 거예요.

　우주에서 지속 가능한 방식의 생활은 점점 더 중요해질 거예요. 미국 항공 우주국은 이미 2026년을 목표로 다음 달 착륙을 계획하고 있어요. 이번에는 미래 우주 비행사들의 장기적 터전이 될 아르테미스 달 기지를 건설할 자리도 탐색할 거예요.

　달에 우리가 방문할 수 있는 기지가 생긴다니! 심지어는 인류가 화성에 착륙한다니! 생각만으로 신나요. 그렇지만 이런 우주 탐사 임무를 실현할 방법을 찾는 것은 엄청나게 어려운 도전이에요.

화성은 지구에서 평균 2억 2,400만 킬로미터 떨어져 있어요. 화성에서 깨끗한 공기가, 아니 우유라도 떨어지는 날에는 도와주러 갈 사람이 가까이에 아무도 없어요. 보급품을 실은 우주 화물선은 화성까지 가는 데만도 칠 개월을 항해해야 하고요. 우주 정거장에서 지속 가능한 생활을 하는 것이 참 어렵다고 생각했다면, 그건 아직 시작에 불과해요!

지금껏 우주 탐사의 미래를 이야기하면서 지속 가능성과 관련된 아주 중요한 문제 하나를 아직 이야기하지 않았어요. 애초에, 우리를 우주 공간으로 데려갈 에너지는요?

로켓 발사에는 연료가 아주 많이 들어가요. 그런데 발사에 필요한 연료가 모두 다 친환경적이지는 않아요. 로켓을 한 번 발사할 때마다 이산화 탄소 약 200~300톤이 지구 대기로 방출되어요. 자동차 한 대가 지구 둘레를 20~28바퀴 도는 것과 비슷해요. 우리가 발사하는 로켓이 해마다 늘어나고 있다는 점에서, 더 나은 연료를 조금이라도 빨리 찾아야 해요.

2021년 7월에 발사된 블루 오리진의 뉴 셰퍼드호는 로켓의 연료로 액체 질소와 액체 산소를 사용했어요. 연료에 탄소가 없으니까

연료가 탈 때 이산화 탄소를 배출하지 않았지요. 그렇지만 여러 질소 산화물과 수증기 등 다른 오염 물질을 배출했고, 이 물질은 지구 대기의 상층부를 파괴할지도 몰라요.

미국 항공 우주국과 유럽 우주 기구 등 각국 우주 기관들은 물론이고, 블루오리진, 스페이스X, 버진 애틀랜틱 등 민간 기업들도 모두 더 나은 방향으로 가기 위해 노력하고 있어요.

유럽 최대의 우주 발사체 개발 기업인 아리안그룹은 2030년에 '탄소 중립적' 로켓을 발사할 계획이에요. 연료로 (나무, 식물, 분뇨 등의 유기 물질인) 바이오매스에서 얻은 메테인을 쓸 거라지요. 올바른 방향으로 한 걸음 더 나가는 일이 될 거예요.

다행히도 각국의 우주 기관들과 기업들, 과학자들이 모든 것을 실현할 여러 가지 기술을 열심히 연구 중이에요. 미래의 우주 탐사 여행과 지구에서의 생활을 조금 더 지속 가능하게 만들 흥미진진한 기술을 몇 가지 소개할게요.

물 : 우주에서 샤워를!

샤워는 물을 마지막 한 방울까지 아껴 써야 하는 우주 공간에서는 낭비가 너무 심해요. 그런데 만약 배수구로 빠져나간 물을 모아서 다시 사용할 수 있다면 어떨까요? 미국 항공 우주국은 스웨덴의 룬드 대학교와 협업하여 샤워에 쓰인 물을 재활용해서 샤워할 때 쓸 수 있게 하는 기술을 연구 중이에요.

이 샤워 시스템은 채 4.5리터도 안 되는 물로 시작해요. 일반적인 샤워에 쓰인 물은 하수 처리장에서 정수된 뒤에 다시 사용되어요. 우주 샤워에서는 물이 훨씬 빠른 속도와 높은 수율로 순환해요. 수질 확인이 일 초에 20회씩 이루어지고요.

순환하기 적합하지 않은 물은 제거되고 나머지는 모두 필터에 여과되고 자외선으로 처리되어요. 그리고 다시 순환 시스템으로 돌아가지요. 이 물은 집의 샤워기에서 나오는 물보다 훨씬 더 깨끗해요.

우주 비행사들이 열광할 것은 말할 것도 없지요. 이 기술은 지구에도 큰 변화를 일으킬 거예요. 지구도 물을 한 방울까지 소중히 여겨야 하는 곳이니까요.

공기 : 화성에서도 편하게 숨을 쉰다고?

2021년에 무사히 화성에 착륙한 화성 탐사로버 퍼서비어런스의 주된 임무는 화성 표면을 조사해서 과거에 미생물 생명체가 살았던 흔적을 찾는 거였어요.

이 화성 탐사로버에는 또 다른 실험을 위한 장비도 실려 있었지요. 나무처럼 호흡해서 이산화 탄소로 산소를 생산하는 공기 여과 장치인데요. 화성 산소 현장 자원 활용 실험 장치, 줄여서 목시(MOXIE, Mars Oxygen In-Situ Resource Utilization Experiment)는 임무를 훌륭하게 완수해서, 십 분간 호흡할 수 있는 공기를 화성 환경에서 포집했어요. 화성이 인간에게 안전한 곳인지는 시험을 더 해 봐야 알 수 있겠지만, 지구에 있는 우리의 호흡도 도와줄 수 있는 기술은 일단 순조롭게 출발한 것 같네요.

식량 : 소 없는 스테이크?

2019년, 이스라엘의 기업 알레프 팜스가 눈이 번쩍 뜨이는 소식을 발표했어요. 우주 공간에서 스테이크를 생산했는데, 동물은 한 마리도 다치지 않았다는 거였어요. 지구에서 소의 세포를 배양해서 우주로 보냈고, 3D 바이오 프린터를 이용해서 우주에서 이 세포를 근육 조직으로 기른 거였지요.

이 주 뒤, 스테이크가 한 장 준비되었어요. 스테이크의 맛까진 보장하지 못했지만, 과학자들은 이 실험을 성공이라고 보았어요. 알레프 팜스의 디디에 투비아는 이렇게 말했답니다.

"우주에서 우리에게는 소고기 1킬로그램을 생산하는 데 필요한 물 1만~1만 5천 리터가 없습니다."

연구실에서 배양한 소고기는 미래의 장기 우주 탐사에 투입될 우주 비행사들의 식량에 보탬이 될 수 있을 뿐 아니라, 하루하루 늘어가고 있는 지구 인구의 식량에도 보탬이 되어 줄 거예요. 천연자원을 지키면서 식량도 확보할 수 있어요.

쓰레기 : 폐기물로 식량을!

우주에서 각종 쓰레기와 사람의 배설물을 제거하는 일은 머무는 시간이 길어질수록 점점 더 힘들어질 수밖에 없어요. 이 일을 멜리사가 도울 수 있을지 몰라요. 우주 정거장의 환경 제어·생명 유지 시스템을 한 단계 더 발전시켜서요. 연구진의 말에 따르면 멜리사는 '미생물을 이용해 폐기물을 가공하여 식물이 자랄 터전으로 만드는 인공 생태계'라고 해요.

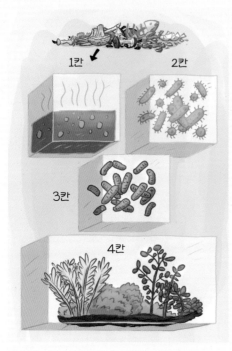

1칸

2칸

3칸

4칸

멜리사의 구조

멜리사에서 사람의 배설물과 음식 쓰레기는 세 개의 칸을 거치는데, 이 과정에서 박테리아, 효모, 곰팡이 등 미생물이 관여하는 발효 작용을 거쳐 잘게 부서져요. 네 번째 칸에서는 조류와 식물이 자랄 수 있지요. 멜리사는 식량을 생산할 뿐 아니라 이산화 탄소를 이용하여 산소를 생산하는 데도 보탬이 되어요. 아직 우주여행에 쓰일 단계는 아니지만, 우주 정거장에서 활용하기 위한 여러 가지 실험이 예정되어 있어요.

에너지 : 언제나 빛나는 태양

우리가 화석 연료 사용을 줄이려고 노력하면서, 지구에서 태양광 발전소의 인기는 점점 높아 가고 있어요. 그런데 태양에서 에너지를 얻는다는 이 아이디어를 차원이 다른 단계로 끌어올리는 국가들이 있어요. 우주 공간으로요.

중국은 2050년까지 태양광 발전소를 지구 궤도로 쏘아 올릴 계획이에요. 이 궤도의 발전소가 모은 에너지를 다시 지구로 받을 예정인데, 우주는 태양이 언제나 빛나고 흐린 때가 없으니까 엄청난 에너지가 되겠지요.

©Unsplash

이렇게 받은 에너지는 점점 증가하는 인구가 필요한 곳에 쓸 예정이에요. 현재 중국은 이 에너지 이동을 가능하게 할 방법들을 시험 중에 있어요. 일본도 같은 아이디어를 열심히 연구 중이에요.

물과 공기, 식량, 쓰레기, 그리고 에너지에 관한 이 멋진 아이디어를 모두 받아들이고 이곳 지구에서 열심히 노력한다면, 우리는 미래에도 이 지구에서 지속 가능하게 살아간다는 목표를 실현할 수 있을 거예요!

광합성 식물이 태양 빛을 이용해서 이산화 탄소와 물을 원료로 영양분을 만드는 과정이에요. 산소가 광합성의 부산물이에요.

기후 변화 긴 시간에 걸쳐 어떤 지역에서 일어나는 기후의 변화를 가리켜요.

대수층 지구 표면 아래에서 지하수를 저장하고 있는 모래나 점토, 암반층을 말해요. 토양 아래에 있어 우물이나 펌프로 물을 뜰 수 있는 비피압 대수층과, 딱딱한 암반층으로 막혀 있어 가닿을 수 없는 피압 대수층으로 구분할 수 있어요.

모듈 특정한 역할을 하는 독립된 부분을 뜻해요. 예를 들어 아폴로 13호는 기계선 모듈, 사령선 모듈, 달 착륙선 모듈로 구성되어 있어요.

미생물 현미경 없이는 볼 수 없는 아주 작은 살아 있는 것들을 말해요. 박테리아, 바이러스, 일부 곰팡이가 미생물이에요.

미소 중력 중력의 영향력이 아주 작은 우주 공간의 환경으로, 사람과 사물 모두 무게가 없는 것처럼 보여요. 미소 중력은 때로 무중력으로 불리는데, 그건 정확하지 않은 표현이에요. 행성의 궤도를 도는 중에는 언제나 약간의 중력이 있답니다.

배기가스 대기로 배출되는 각종 가스예요. 지구의 기후 변화와 기온 상승의 주된 원인이 되고 있어요.

배지 식물이나 세균, 배양 세포를 기르는 데 필요한 영양소가 들어 있는 액체나 고체를 말해요.

산소 우리가 호흡하는 무색, 무취, 무미의 기체예요. 지구에 사는 대부분의 생명체는 살아가기 위해 산소가 필요해요.

삼투 서로 다른 농도를 가진 두 용액이 반투막을 사이에 두고 구분되어 있을 때, 농도가 낮은 쪽에서 높은 쪽으로 용매가 이동하는 현상이에요.

수경 재배 흙 없이 식물을 재배하는 방법이에요. 식물에 필요한 영양분은 물에서 뿌리로 전달되어요.

수기경 재배 흙 없이 소량의 물만 사용하여 식물을 기르는 방법을 말해요. 식물의 뿌리를 용기에 담아 공중에 걸고, 식물이 자라는 데 필요한 영양소를 분무해서 재배해요.

수랭식 물로 식히는 방식을 뜻해요. 공기로 식히는 방식은 공랭식, 기름으로 식히는 방식은 유랭식이라고 해요.

수원지 물이 흘러나오는 근원이 되는 곳이에요.

업사이클링 평소라면 쓰레기로 버려지거나 재활용 수거함에 들어갈 물건을 더 나은 물건으로 바꾸는 것을 가리켜요.

에어로졸 공기 중에 부유하는 작은 먼지 입자나 액체 방울을 말해요. 에어로졸은 모래, 소금, 얼음 결정, 화산에서 나오는 재처럼 자연에서 만들어지기도 해요. 그 외에 농약, 오염 물질, 산불 등에서 나오는 그을음과 재처럼 인간에 의해서 만들어지기도 하지요.

외기권 지구 대기의 가장 바깥층이에요.

원자로 핵 에너지를 이용해서 열을 생산하는 장비예요. 우주 공간에서 생긴 쓰레기를 물과 가스로 바꾸는 오스카 시스템에도 원자로가 있어요.

위성 우주 공간에서 상대적으로 큰 물체 주위를 공전하는 작은 물체를 가리켜요. 위성은 달처럼 천체일 수도 있고, 인공위성처럼 사람이 만든 것일 수도 있어요.

이산화 탄소 산소 두 개와 탄소 한 개로 이루어진 분자예요. 우리가 호흡할 때와 우리가 화석 연료를 태울 때 만들어져요.

재생 자원 바닥날 수 없거나 인간의 수명 이내에 다시 보충되는 자연 자원을 말해요. 바람, 물, 흙 등이에요.

전자 폐기물 플러그, 코드, 전기 부품을 포함하는 쓰레기를 뜻해요. 텔레비전, 컴퓨터, 휴대폰이 버려지면 전자 폐기물이 되어요.

중력 물체들을 서로 당기는 보이지 않는 힘이에요. 지구에 중력이 없다면 우리는 발을 땅바닥에 묶어 두어야 할 거예요. 태양의 중력 덕분에 지구가 태양의 주위를 같은 거리에서 공전할 수 있어요. 너무 뜨겁지도, 너무 춥지도 않은 거리에서요.

증산 식물 안에 있던 수분이 수증기가 되어 공기 중으로 나가는 현상이에요.

지속 가능성 미래 세대가 사용할 자원이 남아 있도록 지금부터라도 우리의 환경을 관리하고 보존해야 한다는 뜻이에요. 지속 가능한 방식으로 산다는 것은 우리가 식량과 물, 식물을 소비하는 방식과 우리가 환경에 남기는 것을 주의 깊게 생각한다는 의미예요.

지하수 지하에 있는 물이에요. 지하수는 물의 순환에서 매우 중요해요. 물의 순환은 비나 눈이 땅으로 떨어져 지구에 흡수되면서 시작한답니다.

카즈머놋 러시아 우주 비행사를 말해요.

탄소 발자국 우리가 어떤 일을 하는 과정에서 나오는 온실가스의 총량을 가리켜요. 숫자가 클수록 온실가스 배출량이 많다는 뜻이에요.

태양 복사 태양에서 지구로 오는 모든 에너지와 광선을 말해요.

트러스 직선으로 된 여러 개의 뼈대 재료를 삼각형이나 오각형으로 얽어 짜서 지붕이나 교량 따위의 도리로 쓰는 구조물이에요. 지붕이나 다리, 높은 건축물을 지을 때 많이 사용하지요.

지구 행성 생존 수업

첫판 1쇄 펴낸날 2024년 11월 30일

지은이 데이브 윌리엄스·린다 프루에슨
그린이 쇼 우에하라 **옮긴이** 김선영
발행인 조한나
주니어 본부장 박창희
편집 박진홍 정예림 강민영
디자인 전윤정 김혜은
마케팅 김인진
회계 양여진 김주연

펴낸곳 (주)도서출판 푸른숲
출판등록 2003년 12월 17일 제2003-000032호
주소 경기도 파주시 심학산로 10, 우편번호 10881
전화 031) 955-9010 **팩스** 031) 955-9009
인스타그램 @psoopjr **이메일** psoopjr@prunsoop.co.kr
홈페이지 www.prunsoop.co.kr

ⓒ 푸른숲주니어, 2024
ISBN 979-11-7254-516-1 44440
     978-89-7184-390-1 (세트)